AF329029

ESSAI

SUR LA

CHASSE DU DAIM

PAR · THYA - HILLAUD

ILLUSTRATIONS DE LUCE BAZIRE

DECELLE Editeur COMPIÈGNE

ESSAI

sur la Chasse du Daim

par THYA HILLAUD[1]

Tiré à 25o exemplaires
dont 15 sur Japon
tous numérotés et signés par l'auteur.

N° 59

Au comte RenÉ DE SONGEONS

Ed io anche cantava l'amore.....

Et moi aussi, je chanterai mes amours, c'est-à-dire la chasse, et en particulier la chasse du Daim, que nous pratiquons ensemble depuis déjà pas mal d'années en forêt de Compiègne.

Je prie le grand saint Hubert, notre patron de nous donner la force et la santé pour pouvoir chasser encore longtemps et toujours.

Ton vieux compagnon de vénerie,

THYA HILLAUD

Compiègne, ce 9ᵇᵉ 1906

ERRATA

UN BAT L'EAU A MAREUIL

1868

PRÉFACE

Horace a dit dans son « instans senecta : »

> Eheu ! fugages, Postume, Postume,
> Labuntur anni : nec pietas moram
> Afferet...

Ce qui a été traduit par un veneur :

> « Rien n'arrête du temps la marche fugitive.
> Hélas qu'on tombe vite au relai des six chiens (1). »

J'ai chassé depuis ma toute petite enfance. Mon père avait une meute pour chevreuil qui chassait du 1ᵉʳ septembre jusque vers la Noël, dans une portion de la Brie champenoise située entre Epernay et

---

(1) Le relai, dit des six chiens, était donné, dans l'ancienne vénerie, après la meute et la vieille meute. Il était composé des chiens les plus lents et les plus sûrs. Son nom lui venait d'un cadeau de 3 couples de chiens que l'abbé de St-Hubert envoyait tous les ans au roy de France. Ces chiens, très fins de nez, avaient des gorges magnifiques.

Les derniers que l'on ait vus en France, depuis de longues années, appartenaient au comte Le Coulteulx de Canteleu et venaient d'Angleterre, où la race en existe encore.

Ils y sont connus sous le nom de *Bloodhounds*.

Les Bloodhounds actuels sont employés à la chasse à l'homme (un nouveau sport) ; non pas la chasse au nègre marron, popularisée chez nous par la « Case de l'oncle Tom » ; ni même celle que devrait faire la police aux apaches de nos boulevards ; mais la chasse au simple citoyen vêtu comme vous ou moi, qui part avec un peu d'avance et dont ces chiens débrouillent la voie à merveille. Le plus connu des équipages en question appartient à M. et Mᵐᵉ Olifant de Chatley's castle.

Château-Thierry ; et du 1ᵉʳ janvier au 15 avril en forêt d'Hallate près Senlis (1).

Cette Brie champenoise est un pays très dur, couvert en partie de bois marécageux, remplis de petits étangs et grandes mares, dont les queues avancent sous le couvert, et sont inabordables faute de chemins.

Le bois est fourré, très épineux et plein de ronces. Les débûchés ont lieu dans des prairies très enfonçantes en hiver, ou sur des plateaux pierreux où la voie est toujours détestable ; les vents du Nord et de l'Est y régnant presque constamment.

Il y a peu de chemins et les layons sont continuellement coupés par des fossés ravineux que les chevaux franchissent souvent avec peine.

Quand mon père et son frère Paul commencèrent à y chasser à courre vers 1856, il y avait énormément de chevreuils. Leur père possédait la terre de Mareuil-en-Brie, d'une étendue de 1.500 hectares qui tenait d'un côté aux 4.000 hectares de Saint-Martin d'Ablois du marquis de Talhauet-Roy ; au nord on allait rejoindre Montmirail au duc de la Rochefoucauld ; au sud Montmort, la Charmoye ; à l'ouest, Baye et les plateaux célèbres de Champaubert et de Grandchamp.

Comme mon père ne chassait pas à tir, il sortait ses chiens dès le 1ᵉʳ septembre.

Ce fut la plus grande joie de mon enfance de partir sur mon poney, à cinq heures du matin, deux fois par semaine et d'assister à tous les travaux préparatoires de mise au point d'un équipage, qui comportait toujours un nombre respectable de jeunes chiens.

Tout allait bien quand on pouvait attaquer des chevreuils dans un bocqueteau. Les animaux se faisaient d'abord chasser un peu de temps en compagnie, sans sortir du bois ; et lorsqu'il s'en séparait un pour débûcher, il était relativement facile d'arrêter la tête des chiens et de rallier le gros.

Mais une fois la tête couverte, à cause de la nature du pays très

---

(1) A cette époque, très peu d'équipages prenaient régulièrement des chevreuils dans les forêts des environs de Paris très vives en animaux. Cependant vers 1861, M. Quiclet forçait un chevreuil en trois ou quatre heures. MM. de Salverte faisaient aussi des prises fréquentes dans la forêt de d'Hallate où le fauve abonde (Tiré de la *Chasse des Mammifères de France*, par le commandant GARNIER).

fourré et marécageux (comme je l'ai dit plus haut), les chiens se trouvaient très souvent livrés à eux-mêmes. Pour les jeunes le travail était mainte fois mauvais.

La terre est très forte, les bois se composent surtout d'essences de hêtres et de chênes, arbres qui perdent leurs feuilles très tard. Il faut attendre les premières gelées avant que la voie ne devienne à peu près bonne, c'est-à-dire jusqu'à la fin d'octobre.

Ennuyés de cet état de choses, les maîtres d'équipages se dirent un jour, que, puisque le daim passait pour se faire chasser à peu près comme le chevreuil, tout en ayant une odeur beaucoup plus forte et par conséquent une voie bien plus facile à suivre, il suffirait d'avoir quelques daims de boîte, afin de mettre les chiens en curée.

Le pays ne contenant pas de daims, on était sûr de ne pas faire change, ce qui était déjà très avantageux.

MES PREMIÈRES CHASSES DE DAIM — *De l'idée à l'exécution, il n'y eut qu'un saut. Au mois de septembre suivant (j'avais alors 6 ans, 1865), 4 daims, venant du parc du Bois de Boulogne, arrivèrent à Mareuil pour servir aux expériences.*

Le premier fit une assez belle chasse, autant qu'il m'en souvient. Il faisait très chaud et la voie détestable. Les chiens n'en voulaient pas d'abord; et, ce n'est qu'à force d'encouragements de la voix et de la trompe, qu'ils se décidèrent à y goûter. Le pauvre daim fut pris au bout d'une heure dans la rivière qui coule devant le château.

La curée chaude eut lieu, suivant toutes les règles, sur la pelouse. J'eus l'insigne honneur d'être placé à cheval sur la nappe recouvrant les restes de l'animal de meute, serrant dans chacune de mes mains une des oreilles du daim ou plutôt de la daine, avec ordre d'agiter cette tête devant la meute assemblée, pendant les sonneries des joyeuses fanfares. Et je vous prie de croire, ami lecteur que je vécus là des minutes d'un bonheur ineffable.

On avait réservé le plus beau de ces daims, une quatrième tête, pour en faire les honneurs à tout le pays.

Il y eut d'abord un grand déjeuner. L'animal est rendu à la liberté et prend majestueusement son parti à travers un herbage, jusque dans un rideau de saules ombrageant une petite rivière, le Surmelin, où il disparaît à nos yeux.

Les chiens sont découplés bas et raide un quart d'heure après. La voie était fumante. Excités par le bon souvenir de la curée de l'avant-veille, ils partent tous à la fois en se récriant du plus haut. Voici les veneurs au galop dans la prairie. Hélas ! ce n'était pas pour longtemps. Car, en arrivant au bord de la rivière, nous trouvons notre daim, prenant un bain de pieds dans l'onde peu profonde et faisant tête aux chiens, très effrayés de cette énorme ramure dont ils craignaient les andouillers de massacre.

Faire retirer les chiens et décider le daim à coups de fouet à sortir de l'eau ne furent que l'affaire d'un instant. Mais cet entêté n'en voulut jamais démordre. Trois fois on le fit sortir de la rivière et trois fois il y rentra tout de suite après ; jusqu'à ce que enfin, s'étant couché dans l'eau, il fut couvert par les chiens.

Il y en avait encore deux, qui l'un après l'autre, se laissèrent tuer au bout de dix minutes de chasse, plutôt que de marcher. La chasse était ratée.

Les maîtres d'équipage furieux (et, il y avait de quoi) ne se découragèrent pas. Voici ce qu'ils inventèrent :

Ils firent établir dans le parc un palis en planches, car le grillage en fil de fer n'existait pas encore (heureux temps !). Ce palis avait environ 1 hectare de superficie. Il était divisé en deux parties d'inégale grandeur, l'une environ le quart de l'autre. Il affectait la forme d'un rectangle ou plutôt de deux pyramides accolées par leur base, car à chaque extrémité, qui se terminait en pointe, il y avait un hangar couvert dans le fond duquel se trouvait une porte. Il y avait aussi une porte dans le milieu de la séparation des deux palis.

La petite partie contenait les daines pleines et la grande les autres animaux.

Le tout fut placé en plein bois ; et l'on y mit au mois d'août une harde de 10 daims dont 1 dix cors, 3 jeunes animaux et 6 femelles.

Les 3 jeunes mâles, lâchés au bout de quelques jours n'eurent garde de s'éloigner. Ils firent trois belles chasses.

Des 6 femelles, 5 furent pleines et mirent bas au printemps suivant. Vers le mois d'août 1866, on fit sortir 3 jeunes mâles et la daine bréhaigne. On eut donc quatre chasses.

Ainsi faisait-on tous les ans.

Les animaux se cantonnaient d'abord autour du palis. Puis, petit à petit, ils gagnaient du pays, sortaient du parc en passant la rivière et faisaient leurs demeures souvent assez loin.

Comme on les chassait au mois de septembre, ils n'avaient en général pas le temps d'être tués par les braconniers, je dis en général, car plusieurs le furent.

Ils faisaient presque toujours de jolies chasses, revenant souvent au palis où ils étaient nés.

Au moment de la guerre de 1870, l'enclos contenait une douzaine d'animaux. On n'en avait pas lâché à cause des évènements. Les premiers Allemands qui vinrent à la fin d'août en eurent connaissance (comment ? on ne l'a jamais su). En tous cas lorsqu'après leur départ, le valet de chiens vint comme d'habitude leur donner à manger, il trouva la clôture en partie détruite et tous les daims disparus.

Mais c'est assez parlé de souvenirs personnels qui n'intéressent probablement personne autre que moi, et que j'ai rappelés seulement pour expliquer au lecteur comment la passion de la chasse s'est emparée de moi depuis ma naissance et me tiendra toujours, je crois.

Le dessin qui vient à la suite de cet avant-propos a été fait par mon père en 1868.

Il est là, sonnant fanfare, cependant que mon oncle balaye le sol de sa coiffure pour appeler les chiens à la voie. J'y suis aussi, de dos, sur mon poney Nankin ; les autres enfants en voiture à âne.

Cette primitive image est tout ce qui me reste de cette enfance si tôt disparue ; et, à ce titre m'est extrêmement précieuse.

Les couleurs de l'équipage étaient :

Ventre de biche : col, poches et gilet en drap bleu ;
Culotte bleue : bas blancs et bottes de vénerie pour les hommes qui avaient aussi un galon au col et aux poches ;
Chapeau de forme melon ;
Bouton : une tête de brocard dans une trompe.

Les chevaux étaient tous alezans et portaient des colliers de martingale blancs.

Aussi les appelait-on à Chantilly : « Ces serins qui ont des cravates blanches. »

L'équipage comprenait 2 hommes montés et un valet de chiens, vieux briscard appelé le père Pétillon qui ne quittait pas le chenil.

Les chiens n'étaient jamais couplés ; on attaquait toujours de meute à mort.

L'équipage se composait de 30 à 40 chiens anglo-poitevins, tricolores à manteau, parmi lesquels on comptait toujours 1 ou 2 anglais purs.

Voici l'état de l'équipage le 1ᵉʳ septembre 1868 :

CHIENS : Mirliton, Prophète, Sportsman (A), Plantagenet, Majordome, Gulliver, Druide, Huguenot, Chérubin, Tartuffe, Roméo, Annibal, Dictateur, Machiavel, Janissaire, Mahomet, Barbe-Bleue, Don Carlos (20).

CHIENNES : Topaze, Romance, Basquine, Mercédès, Jonquille, Bayadère (6).

ELÈVES (10).

HISTORIQUE

Le daim est connu depuis la plus haute antiquité. Les débris de vases étrusques et assyriens en font foi. Les Grecs le chassaient (*voir* Xénophon).

C'est le seul animal de chasse qui ait été acclimaté dans notre pays depuis dix-neuf siècles.

Les Romains l'importèrent d'Ibérie en Italie et de là dans les Gaules, où sa présence nous est signalée dès le ve siècle par Sidoine Apollinaire.

En 1047, le duc d'Anjou avait des daims dans ses forêts.

Le premier document officiel que l'on possède est une circulaire de Philippe-Auguste datée de 1183. Le vainqueur de Bouvines fait entourer de murs le parc de Vincennes afin d'y conserver les cerfs, *daims* et chevreuils qu'Henri II, roi d'Angleterre, lui avait envoyé d'Aquitaine.

En 1199, le sire de Mauléon avait, dans l'île de Ré, des daims qui mangeaient toutes les récoltes.

En 1378, les fils de Charles V menèrent Wenceslas, roi des Romains, courre daims et connins.

Sous le règne de Louis XI, en 1480, le légat du pape fut invité par le roy à chasser au bois de Vincennes. C'est Olivier le Dain, barbier et favori du roi qui lui en fit les honneurs : « Ce jour-là, qui fût mardi, « 6 du dict mois, maistre Olivier le Dain, dit le diable, festoya les « dits prélats tant plantureusement que possible était. Et, après « dîner, les mena au bois de Vincennes esbattre et chasser aux daims. « Et après, s'en revint chacun en son hostel. » *Chronique scandaleuse*, page 317.

Jusqu'au xvie siècle, les habitants des villages voisins du bois de Vincennes étaient tenus de nourrir les daims.

Les ducs d'Orléans avaient des daims à Villers-Cotterêts et à Folembray près de Coucy.

Sous François 1er il y en avait une grande foison à Lusignan.

Voici une lettre écrite de Fontainebleau par Catherine de Médicis le 15 février 1561 : « Monsieur d'Humières, pour ce que je désire

« présentement de recouvrer quantités de dyns (daims) et que je
« scay que es environs de Péronne il y en a ordinairement grande
« quantité ; à ceste cause, je me suis advisé de vous escripre ceste
« lettre pour vous prier de regarder à m'en trouver jusqu'à une
« vingtaine dont il y en ait douze grants, lesquels vous me ferez bien
« fort grand plaisir de les envoyer incontinent en ce lieu de
« Fontainebleau où je me délibère les mettre et y en tenir un bon
« nombre. » (Bibliot. nat¹ᵉ anc. fonds français n° 8687, 68 recto).

En 1581, le duc d'Alençon, qui tenait alors le château de Fère-en-
Tardenois, avant de partir pour les Pays-Bas, y convia ses amis qui,
conduits par Rosny, « étrillèrent bien les daims du parc. »

Louis XIV chassait le daim avec les chiens du duc du Maine ; et, à
partir de 1699, avec les *sans-quartiers* du comte de Toulouse.

Sous Louis XV, le célèbre marquis de Dampierre était le premier
veneur des *chiens verts,* ainsi nommés à cause de la couleur de la
tenue que l'on portait à cet équipage, qui servait plus particulièrement
aux plaisirs de Mesdames de France (Adélaïde, Victoire et Sophie).
Les chasses avaient lieu au bois de Boulogne, à Marly, à Fausses
Reposes, Verrières, Saint-Germain et Sénart. Il fut réformé en 1774.

Depuis 1741, c'est-à-dire en 33 ans, il avait pris : 1.942 daims et
manqué 466. Total des chasses : 2.408 ; ce qui est un beau chiffre.

A la même époque, il y avait un autre équipage de daims,
appartenant au duc de Gramont, que le roy invitait souvent à chasser
devant lui.

Mouret, porte-arquebuse du roy, nous raconte dans un opuscule
intitulé : « Du nombre de lieues parcourues par le roi Louis XV
« pendant l'année 1725 » que cet équipage, le roy présent, prit 28 daims
cette année-là.

Le prince de Condé avait une meute pour daims, qui en prenait
souvent 3 dans la même journée. De 1753 à 1778, ils en prirent 205.
Dans le journal de Toudouze, on trouve le récit d'une de ces chasses
à Chantilly. « Un daim, chassé par 3 chiens, est entré dans le parc
« par la porte des Marchands, et dans la ménagerie, ayant sauté le
« mur. De là au grand canal, au canal de Saint-Jean, à l'île d'Amour
« et pris à Gerbe. Ce daim a été mené au château, où la princesse de
« Monaco lui fit donner du vin et relâcher dans le parc (6 mars 1777). »

Le dauphin, plus tard Louis XVI, et ses frères chassaient aussi beaucoup le daim. Il existe une fanfare, la Provence, du nom du futur Louis XVIII, qui fut composée en son honneur.

Sous la Restauration, le duc de Berry avait une magnifique meute pour daim. Le célèbre *La Trace* était premier piqueur commandant, mais Monseigneur menait lui-même ses chiens. Il nous reste de cette époque plusieurs tableaux ou dessins de Carle Vernet, reproduisant des épisodes de ces chasses :

    i. — L'hallali sur pied à Compiègne, le 27 avril 1818.

    ii. — La curée à la Malmaison, le 2 mai 1818.

    iii. — La sortie de l'eau au bois de Meudon, le 29 mars 1819.

    iv. — Le débuché à Verrières, le 20 avril 1819.

(Les originaux appartiennent au prince Auguste d'Arenberg).

Il y a aussi un célèbre tableau, dit des *Blanchisseuses*, qui appartenait au comte de Girardin, grand veneur, et qui fut légué par son petit-fils au musée du Louvre, lorsqu'il vendit son château d'Ermenonville au prince Radziwill.

La tenue pour ces chasses était la même qu'à l'équipage du cerf : l'habit bleu de roi, galonné à la Bourgogne, avec boutons argentés au cerf; la veste écarlate; la culotte de velours bleu; le chapeau galonné; les bottes à chaudron; le ceinturon 2 tiers or et 1 tiers argent et la trompe à la Dampierre.

En tête des plus illustres veneurs de cette époque, il faut citer le duc de Bourbon. Sa vénerie comprenait 3 équipages :·

1° Le vaudrait qui chassa du 17 juillet 1816 au 29 décembre 1829;

2° L'équipage de cerf   —   5 février 1821   —

3° L'équipage de daim   —   24 octobre 1821   —

Cet équipage avait été donné à Monseigneur le prince de Condé, rentrant de l'émigration en 1816, par M. de Songeons qui, après avoir chassé avec lui toute une saison, s'en retourna dans son pays, lui laissant en partant la moitié de ses chiens et son deuxième piqueur *Lebeau*, le même qui fut plus tard à M. le prince de Wagram (1).

Après la Révolution de 1830, tout était à l'économie, et le roi

---

(1) Pour remercier M. de Songeons, le prince de Condé lui donna deux tableaux par Vernet, où il est représenté. Ces deux tableaux appartiennent au chef de la famille, M. Aristide de Songeons.

Le duc d'Aumale fit, en vain, plusieurs tentatives pour les ravoir.

Louis-Philippe supprima la vénerie royale. Mais ses deux fils aînés, les ducs d'Orléans et de Nemours, avaient le feu sacré. Après avoir monté par actions un équipage à Chantilly, dirigé par Charles Laffitte et qui ne prenait jamais, le duc d'Orléans, de suite après son mariage, désira acquérir un bon équipage. Il s'adressa au plus célèbre veneur de ce temps, M. le marquis de l'Aigle, qui lui céda tout ce qu'il avait, chiens et piqueurs.

Une de ses premières chasses fut sur une daine blanche, échappée aux massacres de la Révolution de 1830, et qui fut manquée. Mais un peu plus tard, du 4 septembre au 27 octobre 1837, à Compiègne, l'équipage prit 2 cerfs dont 1 dix-cors et 3 daims.

A partir de 1840 et jusqu'en 1870, l'équipage de M. le marquis de l'Aigle a chassé le daim en forêt de Compiègne. Une de ses plus belles chasses fut celle du 29 février 1869.

Auguste avait rembûché une harde de daims au carrefour du Dragon, entre le Pélican et Actéon. Aussitôt attaqués, un dix-cors se sépare et refuit par les Satyres dans le puits Féron et vers le Hibou. Il passe au Bocquet Gras où il s'accompagne. Promptement déhardé dans les Réunions, il prend son parti vers les futaies du Cyclope et de Joinville, passe aux Moulineaux, longe la route de La Croix jusque vers les Bruyères et s'en va par la Malmaire. Il borde le port de La Croix et la rivière, allant vers la Basse-Queue, arrive aux carrefours du Daim et Irrégulier, rabat sur l'Oise, arrive à la Plaine, double ses voies, débûche à la route de la Haute-Queue, passe l'Oise au barrage au-dessus de Verberie, traverse la plaine et le chemin de fer, gravit les côtes, laissant Rivecourt à gauche. Il arrive au bois de Rivecourt, passe à celui de la Bruyère, débûche sur les plaines du Meux et de Caumont, s'y prolonge et arrive malmené sur les territoires d'Anancourt et de Dizicourt où il ruse. Il vient enfin se faire porter bas à Bouquy, tout près de Jaux, après 2 heures 40 minutes d'une superbe chasse (Extrait du livre de chasse de M. le marquis de l'Aigle, saison 1868-1869).

DU DAIM

D'après le manuscrit de Gaston Phœbus,
comte de Foix, envoyé par lui à messire
Philippe de France, duc de Bourgogne.

AIN est une beste diverse, et combien que moult de gens en ayent veus, les tous n'en ont pas veus; et pour ce en veuillye deviser.

Il n'a pas le poill tel comme a le cerf, quar il a plus de blanc; ne aussi la teste.

Il est plus petite beste que le cerf et plus grant que le chevreuil.

Sa teste est paumée de longue paumure et porte plus de cors que ne fet un cerf. Sa teste ne pourrait-on bien deviser sans la paindre. Ilz ont une longue cueue trop plus qu'un cerf. Ils portent aussi plus grande venoison selon leur corsaige.

Ils naissent en la fin de may; et brief toutes leurs natures ont après la guyse du cerf, fors tant que le cerf vet plus tost au ruyt et est plus tost en sa sayson que le dain. Et en toutes austres choses de leurs natures aussi va devant le cerf; quar quand les cerfs ont été xv jours au ruyt, à peine le dain se commence à eschauffer.

On ne fet point suite de limier au dain, ne vet en queste comme au cerf, ne ses fumées ne sont point en jugement comme celles du cerf; mais l'on le juge par le pié et par la teste, ainsi comme je diray plus à plain ci-avant.

Ils getent leurs fumées en diverses manières selon les temps et selon les viandis comme font les cerfs; mais plus volontiers en torches qu'autrement.

Quand chiens les chassent, ils tournient en leurs pays et ne font point ainsi longue fuyte, comme fet le cerf; car ils ressaillent aux chiens moult fois; mais ils fuyent bien longuement, et *fuyent toujours s'ils peuvent les voyes,* et toujours avec le change (1).

Il se font prendre ès yaues et batent les ruyssiaus comme les cerfs; mais non pas si malicieusement, ni si subtilement, ni aussi ne vont pas en si grant rivières. Ilz font bien longue fuyte, presque autant qu'un cerf.

Ilz vont trop plus tôt de primesault plus que ne fet un cerf. Ils réent quand ils sont au ruyt, non pas de la guyse d'un cerf, mais trop plus bas en *gargatant* dedans leur gueule (2).

Leur nature et celle du cerf ne s'entr-ayment pas l'une à l'autre, car ils ne demeurent pas volontiers là où il y ait grant foyson de cerfs, ne les cerfs là où il y ait grant foyson de dains.

---

(1) *Fuyr les voies*, ne signifie pas que le daim évite les voies, mais, au contraire, qu'il fuit en suivant les voies et les chemins. Pour un veneur, le sens n'est pas douteux. De Fouilloux explique de la même manière que Phœbus, ce qui se passe quand l'animal s'accompagne : « Il va de fort en fort chercher « les bestes, et les met debout s'accompagnant avec elles et les emmène et fait « fuyr avec lui sans les vouloir laisser. Puis, s'il se voit suivi et malmené, il «, les abandonnera et fera sa ruse volontiers en quelque grand chemin ou « ruysseau, lesquels il suyvra longuement, tant qu'il aura de forces. »

(2) En *gargatant*, en faisant rouler leur voix dans leur gorge.

On lit dans le vocabulaire des mots de vénerie, imprimé à la suite de du Fouilloux que la gueule du daim se dit « Gargure »

La chair du dain est plus savoureuse à tous chiens que n'est celle du cerf et du chevreuil; et pour ce est-ce mauvais change quant on chasse le cerf à chiens qui ont autrefois mangé de dains. Leur venoison est trop bonne et la garde l'en; et se sale comme le cerf.

Ils demeurent volontiers en sec pays, et toujours en compaignie d'autres dains si ce n'est dès le mois de may jusque à la fin d'aoust que, pour paour des mouches, ilz prennent leurs buyssons aucune fois avec un autre dain, aucune fois seuls.

Et demeurent volontiers en hault pays où il y ha vallées et petites montainhetes.

On l'escorche et le deffet comme le cerf, pour en faire *cuirée* (1).

---

(1) On disait autrefois *cuirée*, dont nous avons fait *curée*, parce qu'elle se donnait sur la nappe de l'animal que l'on appelait le *cuir*.

TABLE DES CHAPITRES

I

DU DAIM & DE SA NATURE

J'ai placé en tête de cette étude la description du daim faite par Gaston Phœbus, qui est un tableau parlant.

Les auteurs cynégétiques se sont en général très peu occupés de la chasse du daim; c'eut été cependant le plus bel habitant de nos forêts, si le cerf n'avait pas existé, comme le dit si bien Lavallée dans son histoire de la chasse.

On dit qu'il tient le milieu entre le cerf et le chevreuil, mais c'est une espèce tout à fait différente de l'un comme de l'autre. S'il m'était permis de comparer les animaux sauvages à leurs congénères domestiques, il me semble que, si le cerf représente la race bovine, le chevreuil en est le mouton et le daim la chèvre.

Il a en effet toutes les allures de la chèvre; comme elle, il est toujours en mouvement, sans cesse en éveil. Très curieux de sa nature et bondissant au moindre caprice, même sans cause apparente, il est de ce fait impossible à remettre; et, s'arrêtant peu, il va de l'avant et insensiblement gagne du terrain.

Comme taille, il tient le milieu entre le cerf et le chevreuil. Il a les jambes et le cou proportionnellement beaucoup plus petits que le cerf; mais sa queue est plus longue et descend presque jusqu'au jarret.

La femelle, appelée *daine*, ne diffère du mâle que par l'absence de bois et les organes de la génération. La couleur des deux sexes est très variée pendant l'été. On en trouve des blancs et des noirs, d'autres mouchetés, quelquefois même Isabelles (1).

---

(1) La couleur Isabelle, pour ceux qui l'ignoreraient, est la teinte jaune pâle qu'avait prise, suivant une ancienne tradition, la chemise de la reine Isabelle de Catalogne, après le siège de Grenade. La dite reine ayant fait le vœu de ne pas quitter ce vêtement intime tant que Grenade ne serait pas prise. Le siège dura 90 jours.

En hiver, la couleur change. Elle devient brun foncé sur le dessus, avec le ventre, les jambes et le dessous de la queue d'un gris très clair, presque blanc.

Le daim aime les endroits humides et les bas-fonds, contrairement à ce qu'ont dit la plupart des auteurs; les vieux mâles se tiennent souvent sur les coteaux et dans les fourrés en bordure de plaine.

Il va beaucoup moins loin que le cerf pour faire ses viandis.. Il fait aussi beaucoup moins de dégâts dans les plaines. Sa dent est plus mauvaise, car, comme la chèvre, il s'attaque aux bourgeons au printemps et les tond de si près que l'arbrisseau meurt.

Comme il y en a de plusieurs couleurs, d'aulcuns prétendent qu'ils sont d'espèces différentes. Je crois que c'est une erreur; car, dans la même harde, j'ai vu souvent en été des animaux noirs, mouchetés et blancs (ces derniers généralement plus âgés).

Le cerf et le daim ne frayent jamais ensemble, mais c'est une légende de dire qu'ils se font fuir réciproquement; car, à Compiègne, du moins, où il y a des cerfs partout, les daims se trouvent souvent dans les mêmes enceintes que les grands animaux.

Le daim comme le cerf fait ses viandis des mêmes végétaux; il aime, comme ce dernier, les jeunes pousses, les feuilles, les glands et les faînes.

Il broute aussi les ronces, comme le chevreuil, et l'écorce des houx en hiver.

Tant qu'il trouve de la nourriture dans les bois, il ne va pas au gagnage; mais à la fin de l'hiver, il donne aux récoltes vertes et y fait des dégâts.

La daine porte 8 mois et quelques jours. Ses petits naissent à la fin de mai; on les nomme *faons* pendant les 6 premiers mois. Ils portent la *livrée*.

Elle produit ordinairement 1 faon, quelquefois 2. Quelques auteurs affirment qu'elle en a quelquefois 3, mais je n'en ai jamais vu d'exemple.

Les jeunes faons sont très chétifs en naissant; et ce n'est guère qu'au bout de trois semaines qu'ils peuvent accompagner leur mère hardiment partout.

DU RUT   Le daim mettant bas sa tête plus tard que le cerf, entre en rût plus tard que lui, c'est-à-dire seulement vers le milieu d'octobre.

Les vieux daims se livrent alors des combats furieux, jusqu'à ce que l'un d'eux cède sa place à l'autre. Lorsqu'ils le peuvent, ils passent facilement d'une harde à une autre.

Mais ils ne s'épuisent pas au rût, comme les cerfs, et ne s'écartent pas, comme eux, souvent loin de leur pays, pour trouver des daines.

Ils *raient* peu au commencement du rût; mais, vers la fin, le cou leur gonfle; ils *gargatent* alors fortement, quelquefois même dans la journée.

(J'ai donné l'explication du verbe gargater quelques pages plus haut).

Ce cri est moins fort et moins prolongé que celui du cerf, mais plus sourd et plus saccadé.

Ils ont aussi une odeur très forte au moment du rût.

Comme ils sont moins passionnés que les cerfs, ils ne perdent pas comme eux leur venaison. Et même après les plus rudes hivers, ils ne paraissent jamais avoir beaucoup maigri.

II

DE LA TÊTE DU DAIM

Tous les ans en été, les daims *mettent bas* et *refont* leur tête.

Ils ont environ 2 mois de retard sur les cerfs. Car, si les vieux cerfs de dix cors perdent leur tête dans la seconde quinzaine de mars, les vieux daims ne mettent bas la leur que vers le 20 mai au plus tôt.

En tous cas, à Compiègne, où la chasse ne ferme que le 30 avril, je n'ai jamais vu devant les chiens un daim *mulet*.

On appelle *mues,* les têtes tombées. Les mâles se retirent à l'écart pour refaire leur tête, d'où le nom de *refaits* donnés aux bois qui repoussent.

A la mi-août, ils ont refait leur tête, qui ne se dépouille de sa peau velue, nommée *velours,* que dans le courant de septembre. Pour s'en débarrasser, ils se frottent contre les arbres. On dit alors qu'ils *touchent au bois.*

La tête du daim se compose :

1° Du Massacre, partie du crâne qui supporte les bois, et que l'on scie après la mort de l'animal.

On y inscrit généralement un résumé succint du laisser-courre.

2° De la *meule* ou couronne.

3° De la *perche* ou *merrain* à laquelle sont attachés les *andouillers,* surandouillers, cors et chevillures.

Le bois du vieux daim est plus aplati, plus étendu en largeur, et, à proportion, plus garni d'andouillers que celui du cerf. Il est aussi plus courbé en dedans; il se termine, comme celui du renne, par une longue et large empaumure dentelée sur son bord postérieur et intérieur, que l'on nomme *palette.* D'où le nom de Platicéros donné par Pline à cet animal.

Les *perlures* et les *pierrures* sont des excroissances entourant la meule et l'avoisinant.

Les *gouttières* sont les petites lignes creuses qui sillonnent le merrain. Elles sont plus rares et moins profondes chez le daim que chez le cerf.

On appelle *tête bizarde*, une tête poussée inégalement, soit par suite d'un accident, soit pour toute autre cause. Ce cas est assez peu fréquent chez les daims. Toutefois, ils ont très souvent la tête abymée et les andouillers usés ou cassés, soit par suite des combats qu'ils se livrent, soit à cause des nombreux grillages que l'administration forestière a fait placer à Compiègne, autour des enceintes, et sur lesquels les animaux se frottent et laissent leurs *frayoirs*.

On dit d'un daim qu'il *ravale,* quand sa tête devient maigre et chétive par suite de son grand âge.

On connaît l'âge d'un daim par sa tête.

En thèse générale, nous disons que plus un daim est vieux,
>plus la *meule* est rapprochée du massacre ;
>plus les *pierrures* et *perlures* sont saillantes ;
>plus le *merrain* est gros ;
>plus la *palette* est large.

Il ne faut pas trop tenir compte du nombre de *cors* que porte une tête ni compter autant d'années que de cors. Les connaissances ci-dessus sont plus certaines.

Le jeune daim est nommé *faon* tant qu'il porte la livrée.

Plus tard, on le nomme *hère ;* et il a déjà sur la tête deux bosses recouvertes de poil.

C'est à 9 ou 10 mois qu'il commence à former son premier bois. Ce n'est d'abord qu'une tige, sans *meule* , sur chaque pivot, à laquelle on donne le nom de *dague* et à l'animal celui de *daguet.*

Cette première dague est une simple bosse osseuse en forme de *morille.*

A sa troisième année, le jeune daim perd ses dagues dans le mois de juin et refait sa tête composée aussi de dagues. Elles sont plus fortes et plus longues, la meule est indiquée et plus rapprochée du têt ; quelquefois même, il se forme un soupçon d'andouiller de massacre. Il est toujours *daguet* ou grand daguet.

La quatrième année, il se forme un nouveau bois sur lequel les empaumures commencent à paraître.

Et on le dit daim à sa troisième tête. Presque toutes les têtes abymées sont des troisième tête ; alors que les animaux plus âgés ont généralement la leur en bon état. Il faut attribuer cette particularité à ce que le bois leur est encore mou au moment où le rût commence, et à ce que les vieux les rudoient.

Les années suivantes, le bois prend plus d'accroissement. Et à mesure que le daim avance en âge, les empaumures deviennent plus grandes et plus larges, les échancrures plus profondes, les meules plus près du têt et les pierrures plus marquées.

On les dit daim à sa quatrième tête,
daim dix cors jeunement,
daim dix cors,
daim vieux dix cors.

TÊTE DE DAIM

PETIT DAGUET

Le premier bois que porte un daim ne paraît qu'après sa première année.

Ce n'est qu'une simple tige, sans meule *ni* dague *sur chaque* pivot, *en forme de morille.*

CHASSE DU 5 AVRIL 1902

Attaqué à la Michelette ; pris à côté du poste du Hourvari.

Les honneurs à Richard DE CHÉZELLES.

TÊTE DE DAIM A SA SECONDE (1) TÊTE

GRAND DAGUET

A sa troisième année, le jeune daim perd ses morilles dans le mois de juin et refait sa tête encore composée de dagues. Elles sont fortes et longues, très souvent inégales. La meule est indiquée et plus rapprochée du têt ; quelquefois même, il se forme un soupçon d'andouiller de massacre.

CHASSE DU 9 AVRIL 1900

Ce daim, attaqué au Hibou, se fit prendre dans une mare à côté du Solitaire, en une heure trois quarts.

Les honneurs à Mme la duchesse d'ALBUFÉRA.

---

(1) On dit seconde tête et non pas deuxième tête.

TÊTE DE DAIM A SA TROISIÈME TÊTE

La quatrième année, le daim jette ses dagues et pousse un bois sur lequel les empaumures commencent à paraître ; et pour lors il se nomme « daim à sa troisième tête ».

CHASSE DU 25 MARS 1899.

Attaqué à la Place-aux-Veaux, pris près de la Michelette, en deux heures.

Les honneurs à Mlle BARGMAN.

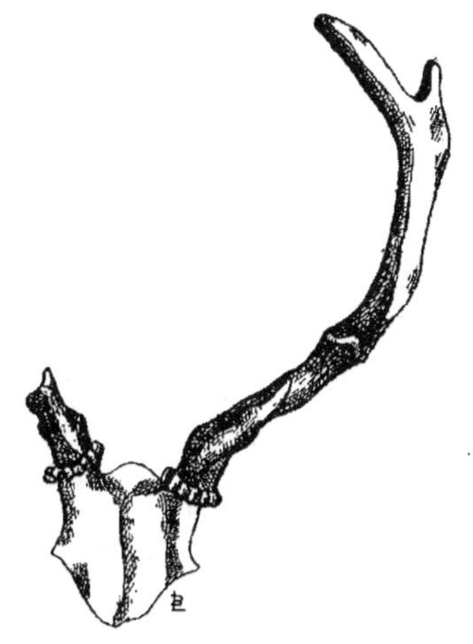

DAIM A SA TROISIÈME TÊTE ABYMÉE

*Il est à remarquer que presque toutes les têtes abymées appartiennent
à des daims à leur troisième tête ; alors que les animaux plus âgés ont
généralement les leurs en bon état.*

*Il faut attribuer cette particularité à ce que leur bois est encore mou
au moment où le rût commence.*

Ils sont alors rudoyés par les vieux.

CHASSE DU 27 FÉVRIER 1903.

Attaqué à l'Hermite, pris à côté du carrefour du Pont-de-l'Auge,
en deux heures un quart.

Les honneurs à Mme la Comtesse H. DE BEAUVOIR.

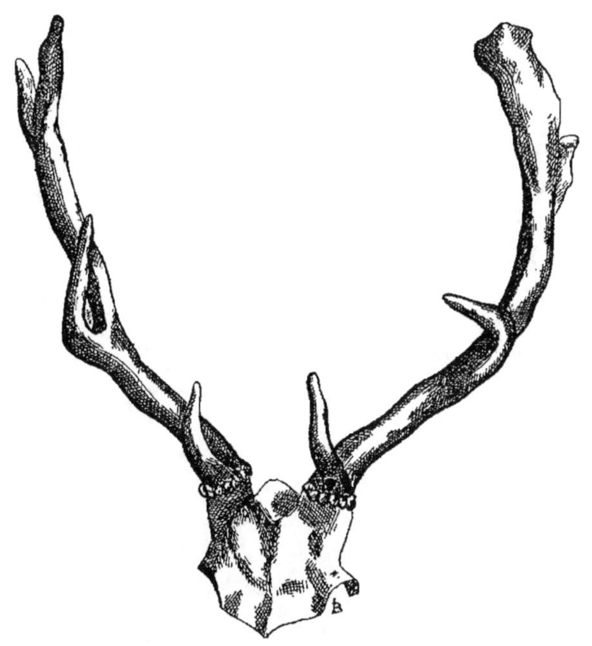

TÊTE DE DAIM A SA QUATRIÈME TÊTE

A leur cinquième année, les bois prennent plus d'accroissement. Les empaumures sont plus grandes, les meules plus près du têt ; les pivots plus courts.

CHASSE DU 23 AVRIL 1897

Ce daim, attaqué à la Volière, fut pris dans l'étang du château de l'Ortille, en deux heures et demie.

Les honneurs à Mme PRISSE.

TÊTE DE DAIM DIX CORS JEUNEMENT

Ce daim, attaqué près de Vieux-Moulin, fut pris dans le petit étang de Saint-Pierre, en deux heures et demie.

Les honneurs à BARBOUCHA-BEY, chef tunisien, qui a suivi la chasse dans son costume national.

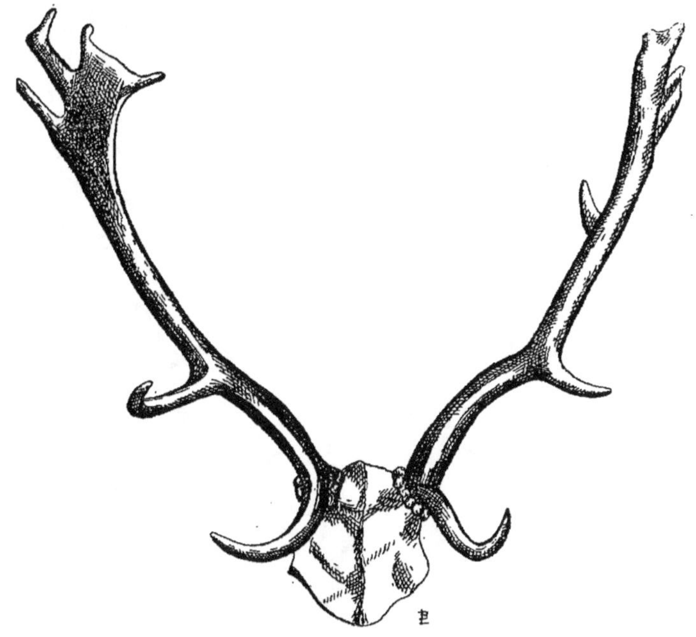

TÊTE DE DAIM DIX CORS

Attaqué au carrefour d'Aquitaine, pris dans une mare au-dessus du poste forestier de Saint-Nicolas-de-Courson, en quatre heures ; temps affreux ; pluie battante.

Les honneurs à Mme la Comtesse A. DE CARNÉ.

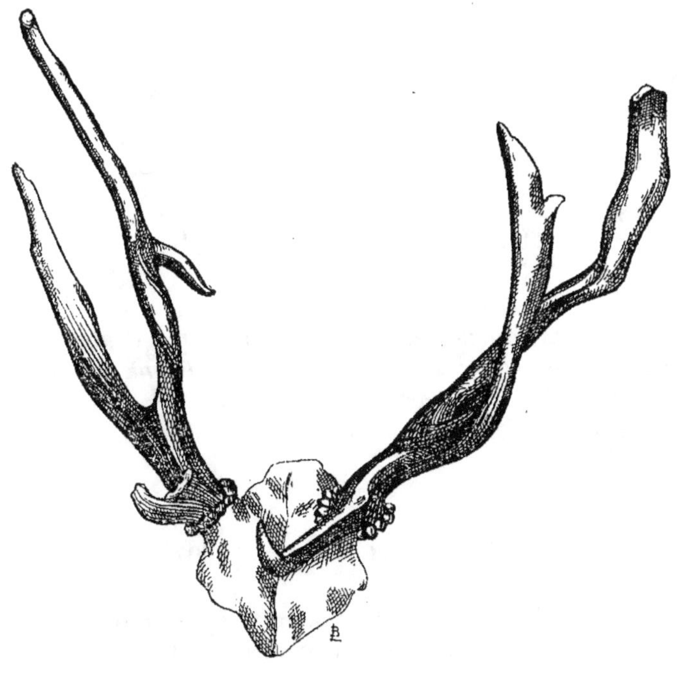

TÊTE BIZARDE

Ce daim est très âgé. Il a les couronnes tout prêt du têt, les merrains très gros ; et son bois ressemble plutôt à une tête de cerf ravalée qu'à celle d'un daim à cause du manque de paumelles.

CHASSE DU 23 AVRIL 1898

Attaqué sur la côte de l'Hermite, pris à la Place-aux-Veaux, en trente-cinq minutes.

Les honneurs à M. OLRY, père.

TÊTE D'UN VIEUX DIX CORS

A remarquer les longues et larges empaumures dentelées sur leur bord intérieur et postérieur ; les gouttières en forme de nervures de feuilles ou de fougères ; les meules tout près du têt ; la grosseur des couronnes ; la profondeur des pierrures.

Chasse du 11 Décembre 1897

Ce daim, attaqué dans le parc de Souilly, fut pris dans l'étang qui se trouve devant le château, après deux heures et demie d'une chasse superbe.

Les honneurs à Mme Victor Olry-Rœderer

DES CONNAISSANCES PAR LE PIED ET LES ALLURES

N juge le daim, comme le cerf, par la tête, le pied, les allures, les frayoirs et les abattures.

Le pied, dont nous allons nous occuper dans ce chapitre, se compose des *os*, de la *jambe*, du *talon*, de la *sole*, des *côtés*, et des *pinces*.

On appelle *connaissance* une difformité quelconque, soit une pince plus longue, soit un côté ébréché, etc., qui sert à reconnaître à première vue le pied d'un animal. Chez les daims, comme chez les sangliers, on rencontre même parfois un pied *pigache*, c'est-à-dire dont un des ongles est beaucoup plus long que l'autre et se courbe sur lui. C'est presque toujours l'ongle externe.

En général, plus un daim est vieux :

Plus les *os* sont gros, ronds et usés (les os sont les ergots, leur réunion forme la jambe) ;

Plus la *jambe* est large ;

Plus le *talon* est gros ;

Plus les *côtés* sont usés ;

Plus les *pinces* sont arrondies à leur extrémité.

On appelle *allures* la façon de marcher des daims et des daines.

L'*allure* est la distance de l'empreinte des pieds de devant à celle des pieds de derrière. Cette distance varie beaucoup suivant l'âge et l'espèce des animaux.

La grosseur du pied de devant par rapport à celui de derrière varie beaucoup aussi.

La *Daine* a autant de pied derrière que devant. Le mâle a toujours les talons plus gros et les côtés plus arrondis.

La daine a les pinces pointues, les côtés tranchants et les talons resserrés. La façon de marcher est aussi différente.

Le daim *croise ses allures* ; c'est-à-dire qu'elles sont alternées droite et gauche. Lorsqu'il va *d'assurance,* il met les pieds de derrière dans ceux de devant, plus ou moins près du talon et un peu vers l'extérieur suivant sa grosseur, tandis que la daine se méjuge dans toutes ses allures, les ayant tantôt grandes, tantôt petites, et toujours droites à moins qu'elle ne soit *chargée* ou qu'elle n'ait du lait.

Les gros daims, allant d'assurance ont quelquefois les pinces fermées, les jeunes daims ont souvent les pinces de devant ouvertes, mais toujours ils ont celles de derrière fermées.

Les daines ont toutes leurs pinces ouvertes.

Les vieilles daines bréhaignes ont souvent autant de pied qu'un daim à sa troisième tête ; mais, si l'on en fait suite, on s'aperçoit qu'elles se méjugent de temps en temps, qu'elles ont les os mal tournés et le pied moins usé que leur taille ne devrait le faire supposer.

Malgré l'avis du roy Modus qui dit que : « En daims, nul jugement « par le pié, ny par les fumées, ny par le lyt, ny par nul autre signe, » je crois, avec Gaston Phœbus, que « Si les fumées du dyn ne sont « point en jugement, comme celles du cerf, on le juge par le pié et « par la teste. »

Il est très intéressant pour un valet de limier de savoir distinguer le pied gauche du pied droit. D'abord, dans les jambes de devant, celui des *os* qui se trouve en dedans est toujours plus haut que l'autre, tandis que les poils sont toujours dirigés du dedans vers le dehors. Ainsi le pied droit aura l'*os* du dehors plus bas que l'autre et le poil dirigé de gauche à droite ; de plus, la sole de l'ongle qui est en dedans est toujours un peu moins large que celle de l'ongle du dehors ; et s'il y a une *connaissance* elle appartient presque toujours à ce dernier.

La *connaissance* la plus importante et la moins sujette à erreur est la petitesse du pied de derrière, comparé à celui de devant.

Lorsqu'un animal bondit ce sont les pieds de devant qui supportent le premier choc et tout le poids du corps. Or les daims mâles ont un plus grand poids dans l'avant-main que les daines à cause de leur ramure. La nature leur a donc donné des pieds en rapport avec le poids qu'ils auront à supporter.

On en a donc déduit toute une gamme qui va de la *Daine* dont les quatre pieds sont sensiblement égaux, jusque au dix cors qui offre une différence très considérable entre les deux empreintes.

Pied de DAGUET. — Le daguet a le pied assez semblable à celui de la daine ; mais il a la jambe bien faite ; il marche les pinces de derrière fermées et celles de devant ouvertes. Il a le pied de derrière plus petit que celui de devant et *place celui-ci en arrière de l'autre* ce qui s'appelle *outre-passer* (c'est le seul animal qui marche ainsi). Les pinces du pied de devant sont moins pointues que celles de derrière ; de plus à cause de sa faiblesse, il se méjuge quelquefois.

Mais *un daguet à sa seconde tête* a un pied déjà tout différent. Sa pince de devant est plus grosse et moins pointue, les côtés moins tranchants, le talon plus plein et plus large ; ses allures sont croisées ; son pied de derrière, complètement fermé, est plus petit que l'autre. Enfin il *n'outrepasse plus jamais* le pied de devant avec celui de derrière, et place ce dernier dans l'autre ou à côté, généralement vers le dehors.

Pied D'UNE TROISIÈME TÊTE. — Le daim à sa troisième tête a les *pinces* plus rondes et plus grosses que le précédent, les côtés plus usés, les *os* plus arrondis et la *jambe* plus large, le pied de derrière fermé et beaucoup plus petit que celui de devant, les allures plus larges et mieux réglées.

Pied D'UNE QUATRIÈME TÊTE. — Ce daim diffère encore davantage des trois jeunes animaux dont nous venons de parler. Son pied de devant est beaucoup plus grand que celui de derrière ; il se *tarde* plus que les jeunes et ses *allures* sont plus larges et plus longues.

Pied D'UN DAIM DE DIX CORS. — Ce daim a les talons, les côtés et les pinces usées, les pinces fermées. Sa démarche étant plus grave, il marche sur les pinces, qui marquent beaucoup plus que le reste du pied. Le talon, s'usant, devient presque de niveau avec la sole, qui n'est plus débordée par les côtés. Les os, usés et grossis, s'éloignent l'un de l'autre et se rapprochent du talon. Ses allures sont bien croisées, toujours égales, quand il va d'assurance. Le pied de derrière est presque toujours placé sur le talon du pied de devant, quelquefois même, il le touche à peine, surtout si le daim est gras, ce qui est fréquent.

Plus le dix cors avance en âge, plus ses os se rapprochent du talon ; son pied de devant s'use, celui de derrière se rapetisse ; il se tarde davantage.

La meilleure observation est donc basée sur la différence existant entre le pied de devant et celui de derrière ; et la taille du daim doit être jugée en raison de cette différence.

IV

DES CHIENS PROPRES A LA CHASSE DU DAIM

NE meute pour daim doit être composée de chiens très sages et bien collés à la voie, ils doivent savoir rallier les uns sur les autres et être tous de change, sinon convaincus au moins vaincus.

Le marquis d'ARMAILLÉ a inventé cette classification dans son admirable livre intitulé : *Quelques Conseils à mes Enfants sur la chasse du Chevreuil.*

Les chiens de change *vaincus* sont ceux qui ne chassent jamais un autre animal que celui de l'attaque, mais qui, quand ils sont en défaut, viennent à leur piqueur et attendent que le défaut soit relevé.

Les *convaincus* sont ceux qui non seulement ne changent jamais leur animal de meute, mais encore s'ils tombent en défaut font tous leurs efforts pour le relever.

Les premiers sont faciles à rencontrer. Des chiens intelligents et bien menés comprennent en général très vite qu'ils ne peuvent faire curée d'un animal que s'ils s'attachent à chasser toujours le même.

Heureux les équipages qui possèdent un ou plusieurs chiens de change convaincus ! car ils sont sûrs de faire de belles chasses et de prendre souvent.

Pendant bien des années, on a chassé le daim par occasion et avec des chiens de cerf ou de sanglier. Lorsque le marquis DE L'AIGLE chassait avec son vautrait, en forêt de Compiègne, sous le second empire jusqu'en 1884, les valets de limier, en faisant le bois pour le sanglier, rendaient compte au rapport lorsqu'ils avaient rencontrés un beau daim dans leur quête ! Souvent le maître d'équipage donnait l'ordre d'aller frapper à cette brisée, et il fit souvent de superbes chasses (1).

Les daims, par leurs ruses réitérées, prennent des avances considérables sur les chiens ; ils se forlongent, autrement dit. Si l'équipage n'est pas composé en grande partie de chiens ayant le nez très fin, il y a dix chances à parier contre une que la chasse se terminera sans que l'on sonne la retraite prise. Aussi, les chiens anglais, excellents pour la chasse du sanglier, sont-ils détestables pour celle du daim. Seuls, parmi les anglais, les Harriers, élevés de l'autre côté du canal en vue de courre le lièvre, peuvent-ils rendre des services à ce genre de chasse ; car, bien gorgés et destinés à chasser à l'animal qui ne laisse derrière lui que peu « de scent, » selon le mot technique anglais, ils répondent parfaitement au but que l'on se propose.

Avec des bons chiens de chevreuils (qui sont toujours de race française), la chose est beaucoup plus facile, car le daim a beaucoup plus d'odeur que le chevreuil, le revoir en est aussi bien meilleur à cause de son goût des chemins ; et la finesse de sa venaison est telle que les chiens qui en ont goûté s'en souviennent toujours.

La race elle-même des chiens propres à la chasse du daim n'est pas en question ; car, à l'heure actuelle, tous les chiens dont nous nous servons en France, sont des *Bâtards*, c'est-à-dire qu'ils ont tous du sang de *foxhound* à un degré plus ou moins prononcé.

Les chiens doivent être collés à la voie ; très fins de nez, pour ne pas passer les voies refroidies, et suivre leur animal de meute à travers les hardes nombreuses de tout genre où se remet le daim ; il faut aussi que ce soit bons chiens de chemin au courant des crochets et de la double voie.

Il leur faut beaucoup de fond ; être également très bien *créancés*, c'est-à-dire facile à arrêter et à rameuter au son de la trompe.

Rien n'est odieux comme un chien ambitieux qui chasse seul à la muette ou un musard qui rabat ses voies, c'est-à-dire qui crie sur les derrières.

---

(1) M. le marquis DE L'AIGLE avait, à cette époque, toujours un petit nombre de chiens mis uniquement dans la voie du daim et qui servaient à attaquer. On découplait alors le reste de la meute qui chassait indifféremment cerfs, sangliers et daims.

Un bon veneur doit donc supprimer tout ce qui *prend la tête*, car les autres chassent moins bien une voie déjà foulée ; et aussi tout ce qui mue sur les derrières ; car, dans les crochets, les jeunes chiens lâcheront souvent leur voie pour revenir aux rabâcheurs ; d'où énorme perte de temps.

Suivant une expression anglaise, une bonne meute doit pouvoir être couverte avec un *drap,* quand la voie est bonne et la chasse bien partie.

Cette bonne meute chasse en *éventail;* c'est-à-dire que les chiens doivent marcher en ligne et non à la queue leu-leu ; de façon à ce que ceux des ailes recoupent les crochets de l'animal et gagnent ainsi un temps précieux. Ils doivent donc rallier les uns aux autres, comme ils doivent se fier à leur maître et à leur piqueur qui ne les trompent jamais.

Rien n'est intéressant à voir comme les bons chiens travaillant à relever un défaut, lèvent la tête et rallient à celui qui en refait.

V

DE LA CHASSE DU DAIM PROPREMENT DITE

A forêt de Compiègne est actuellement la seule forêt de France qui contienne encore un certain nombre de daims à l'état sauvage. Ces animaux sont les descendants de ceux qui, par un jour de grand orage, vers 1850, sortirent du parc du Francport, appartenant à M. le marquis DE L'AIGLE. Ils passèrent la rivière et se répandirent dans la forêt. Ils y retrouvèrent quelques-uns de leurs congénères échappés aux massacres de la Révolution de 1848, et y firent souche, sans toutefois s'y développer énormément, puisque au moment où j'écris, le dernier recensement, fait au mois de janvier 1906, ne donne qu'une soixantaine de daims contre environ six cents grands animaux à Compiègne.

Il est vrai qu'étant moins farouches que les cerfs et beaucoup moins bien protégés, ils sont souvent tués par les fermiers de chasses à tir, comme chevreuils, ou en plaine par les braconniers.

Sous le second empire et jusqu'en 1884, M. le marquis DE L'AIGLE chassait le daim, par occasion..., comme je l'ai dit plus haut.

Il y eut alors un changement. Les adjudicataires de la chasse à courre en forêt de Compiègne furent M. OLRY et le marquis DE LUBERSAC. Ces messieurs se partageaient la saison à raison de deux chasses par semaine, les lundis et jeudis, du 1er octobre au 30 avril.

Le marquis DE LUBERSAC, qui menait alors l'équipage PICARD, Piqu'Hardi, chassait du 1er octobre au 15 janvier; M. OLRY allait de cette date à la fin de la saison. La forêt qui a une superficie de 14.000 hectares environ, est très vive en grands animaux. Ces messieurs ne chassaient pas le daim, ayant leur suffisance de cerfs.

C'est en 1898 que MM. OLRY voulurent bien autoriser l'équipage de chevreuil du comte DE SONGEONS à chasser le daim à Compiègne, et cela après une chasse très curieuse que je vais raconter ci-dessous (1).

Il y avait alors, dans leur propriété de Souvilly, un parc de 1.000 hectares, clos, où foisonnaient les grands animaux réunis à une centaine de daims.

Le comte DE SONGEONS, très lié avec MM. OLRY père et fils, fut invité à y venir en déplacement (octobre 1897) avant d'aller en forêt de Montargis.

On chassait alors tous les jours.

L'équipage du cerf, les lundis et jeudis.

Le *vaultrait*, les mardis et vendredis.

Et les chiens de chevreuil, les mercredis et samedis.

Le dimanche, pour se reposer, il y avait de superbes chasses à tir.

Les chevreuils étaient alors très nombreux dans les forêts de Conches et Breteuil. Mais SONGEONS avait d'admirables chiens de change. Je ne puis résister au plaisir d'en citer quelques-uns : *Tricolore, Mandarin, Tintamarre* et *Lucifer,* quatre frères, qui valaient leur pesant d'or, plus *Fingal* et *Rayon-d'Or*, leur père et leur oncle, qui ne leur cédaient en rien.

Ce fut après une chasse superbe, terminée par la prise d'un brocard dans un jardin du hameau de Sainte-Suzanne ; nous étions tous enchantés. Après le dîner, M. OLRY propose au maître d'équipage d'attaquer, trois jours après, un daim dans le parc où les grands animaux et les daims foisonnaient, comme je le disais tout à l'heure.

« Je ne demande pas mieux que d'essayer » fut la réponse, et, le jour dit, à huit heures du matin, nous mettions à la voie sur une harde de quinze animaux, dont un superbe dix cors blanc et plusieurs autres daims à tête ; notre objectif étant le daim blanc.

Alors se déroula une chasse de rêve. Il fallut d'abord appuyer les chiens pour les décider à goûter cette voie nouvelle, qu'ils se décidèrent à empaumer après un peu d'hésitation. A partir de ce moment ils chassèrent seuls, car personne n'osa plus dire un mot, ni sonner

---

(1) Le château et la terre de Souvilly, près Breteuil (Eure), sont actuellement la demeure de Mme OLRY-RŒDERER, née MÜRE, veuve de notre pauvre et regretté ami Victor OLRY.

Léon OLRY habite Lierru, dans la forêt de Conches, qui lui appartient et qui touche à la terre de Souvilly. Il a conservé les équipages et les traditions de courtoisie et de bonne camaraderie de son père et de son frère.

une fanfare ; nous étions tous hypnotisés par la beauté du spectacle.

Notre daim blanc se fit d'abord chasser en harde, pendant plus d'une heure. Constamment il se rasait, laissait passer les chiens, retournait sur sa double voie et se remettait dans une autre harde. Relancé, il battait les chemins, puis, par un brusque crochet, ressautait dans la même enceinte. Il se mit ensuite avec des grands animaux, les poussant devant lui, puis les quittant après un certain temps pour se mettre sur le ventre. Relancé encore, il fit une grande randonnée tout autour du parc, croisant et recroisant ses voies. Tout d'un coup il se trouvait derrière les chiens, comme ça lui arriva, par exemple, autour du rond de Souilly, imitant l'exemple des vieux loups. Le bois souvent très clair permettait aux veneurs de se rendre compte de toutes les péripéties de ce drame.

Enfin, après une héroïque défense de deux heures et demie, notre vieux daim, épuisé, alla prendre l'eau dans l'étang placé devant le château où les chiens le couvrirent.

Les joyeuses fanfares éclatèrent alors et nous allâmes déjeuner, après une des plus admirables chasses qu'il soit possible de voir au monde.

La tête de ce daim orne le vestibule de l'hôtel du maître d'équipage, à Compiègne. Je l'ai reproduite dans un chapitre précédent comme type de daim dix cors.

C'est à la suite de cette chasse mémorable que l'équipage DE SONGEONS a commencé à chasser le daim dans la forêt de Compiègne, au printemps de 1898.

Fondé en 1892, il se compose de 5o chiens anglo-normands, plus cinq ou six foxhounds purs. Il chasse le chevreuil en forêt de Montargis et le daim à Compiègne en fin de saison (1). Il est servi par un piqueur : *Picou* et deux valets de chiens montés : Piqu'Hardi et Marchand.

La tenue des hommes est rouge, galonnée au col et aux poches, culotte et gilet en peau de taupe vieil or, bas blancs, bottes de vénerie pour le piqueur ; les valets de chiens (devant pouvoir aller à pied), portent des guêtres en cuir fauve à la Charles X.

Pour les maîtres : chapeau gris, bas de forme, à longs poils ; tenue à volonté.

---

(1) Vu leur petit nombre, l'administration forestière n'en donne que huit à prendre par saison.

Peu d'auteurs cynégétiques ont parlé de la chasse du daim, Gaston Phœbus et le comte Le Couteulx de Canteleu, seuls, se sont un peu plus étendus sur cette chasse. Les autres disent tous que cet animal offre une grande ressemblance avec le cerf et se chasse de même : *ce qui est une grave erreur.*

DE LA DIFFICULTÉ
DE LE
DÉTOURNER

Le daim est un animal d'un genre spécial, qui n'est comparable à aucun autre.

Par sa nature même qui est semblable à celle de la chèvre, il est toujours en mouvement et sans cesse en éveil.

Il a le nez très fin, et c'est, après le loup, l'animal qui évente de plus loin ses ennemis.

Les vieux mâles vivent entre eux ou accompagnés d'un *page* ou jeune daim, comme les vieux sangliers. Mais au premier vent du trait ils s'en vont donner à leur harde, qui n'est jamais très éloignée. .

Ils rentrent du gagnage et se remettent beaucoup plus tard que les cerfs. Ce n'est donc pas la peine que le valet de limier mette devant d'aussi bonne heure que pour le cerf. Ils vont et viennent dans les routes, s'arrêtant pour brouter une herbe, une feuille de ronce, et tournant la tête de tous côtés pour s'assurer qu'ils ne sont pas suivis.

S'ils flairent un danger ils restent debout et se forlongent indéfiniment.

Il nous est arrivé d'avoir un animal remis dans un buisson ; et, un quart d'heure après, sans que personne l'ait vu passer, il était à quatre kilomètres de là, forlongé sur sa double voie.

Il est donc préférable pour le valet de limier de ne pas raccourcir son enceinte. Il prend les grands devants ; et, s'il ne voit rien passer, il annonce au rapport qu'il a un ou plusieurs animaux en *bonne voie,* à tel endroit, où il a *brisé* (1) en dernière *voie,* à telle heure.

2°

DE L'ATTAQUE

Autant la chasse du daim est difficile pour des chiens ayant l'habitude de chasser une voie droite comme celle du sanglier et même du cerf ; autant elle est relativement facile pour un équipage dans la voie du chevreuil.

---

(1) *Briser, mettre* une *brisée,* c'est placer deux branches cassées à la rentrée de l'animal, le bout cassé dans la direction où il a la tête tournée.

Le daim a en effet une odeur beaucoup plus forte, ayant plus de corsage, il touche davantage au bois; le revoir en est meilleur sur les routes et chemins, et, en réalité, il se fait tout à fait chasser comme le chevreuil, sauf qu'il bat à la harde bien davantage.

De plus, sa venaison est si bonne que les chiens qui en ont goûté s'en souviennent toujours.

J'ai vu souvent des chiens qui n'avaient pas vu un daim depuis dix mois témoigner d'une joie indicible en empaumant une voie de bon temps au mois d'avril suivant.

Ces chiens, qui chassent des chevreuils depuis le commencement de la saison, ne les regardent plus lorsqu'ils sont mis sur un daim; et quelques jeunes seuls peuvent faire une faute s'ils en rencontrent; et encore seulement aux premières chasses.

Néanmoins l'équipage DE SONGEONS a souvent pris dans la même semaine un daim et un chevreuil, entre autres le 25 mars 1906. Après avoir pris un daim le samedi, il attaque un chevreuil à Roberval le mercredi suivant et le prit dans les jardins de Verberie après deux heures et demie de chasse.

Le samedi suivant, il prenait de nouveau un daim.

Il faut donc pour cette chasse avoir des chiens très sages et très bien créancés et les bons chiens de chevreuil sont, par conséquent, les meilleurs de tous.

Il est clair que, si l'on a affaire à un daim seul, il est avantageux de découpler de meute à mort. Mais les trois quarts du temps, pour ne pas dire toujours, un daim n'est jamais seul, il faut donc le déharder. Le meilleur nombre de chiens d'attaque est de quatre au moins; si vous en mettez moins, les animaux se promènent au pas devant eux et peuvent vous promener vous-même toute une journée sans se séparer.

Même avec ce nombre de chiens, il peut arriver que les animaux s'étant fait chasser ensemble pendant un certain laps de temps, ont tous des voies également échauffées. Lorsqu'ils se séparent, on est obligé d'arrêter les chiens d'attaque qui, eux aussi, peuvent avoir formé plusieurs chasses, et d'attendre l'arrivée de la meute, pour tout mettre sur le même daim.

Le temps qu'elle soit là, les animaux ont recroisé leurs voies dans l'enceinte suivante, par un mouvement de ciseaux, et se sont remis ensemble. Tout est alors à recommencer.

(A remarquer que, comme pour le cerf, c'est presque toujours le plus gros daim, celui que l'on désire chasser, qui se sépare le premier).

L'idéal, pour moi, est donc de découpler de meute à mort, s'ils sont bien créancés, tous les chiens sûrs. Ils mettent la harde sur pieds et la chargent avec entrain. Deux cas peuvent se présenter : 1° Les animaux prennent peur et s'égrenent peu à peu jusqu'à ce que le daim de meute reste seul ; 2° Ou bien ce dernier se sépare et refuse une route. Dès qu'on ne le voit plus dans la harde, on arrête, sans laisser aux autres le temps de s'échauffer, et on reprend le contre-pied de la voie chassée, jusqu'à ce qu'on relance l'animal de meute.

Il est bien entendu que le nombre des veneurs est suffisant pour pouvoir prendre les devants et se porter rapidement à la voix des chiens, afin de les arrêter, si l'on s'aperçoit que l'animal de meute n'est plus avec les autres.

On gardera un *relais volant* des chiens les plus jeunes et les moins sûrs, qui ne sera donné que une heure ou deux après l'attaque et qui peut, donné à propos, soulager beaucoup la meute d'attaque.

3°

DU CHANGE ET DE L'ACCOMPAGNÉ

Le daim passe, on peut le dire, presque tout son temps à s'accompagner et à chercher le change. Tout lui est bon pour cela. J'en ai vu en plaine, au milieu des moutons, dans les pâtures, se mêler aux bestiaux ; mais surtout en forêt, courant de harde en harde.

Ils ont aussi l'astuce de se mettre avec les grands animaux, si nombreux à Compiègne, comme s'ils se rendaient compte qu'ils sont ainsi mieux cachés au nez des chiens et aux regards perçants des veneurs.

Le 29 avril 1906, nous attaquâmes un daim à sa quatrième tête, accompagné de sept daines. Laisser-courre par le baron H. DE SEROUX. Il les donne en dernière voie sautant la route de la Mariolle, la tête tournée vers les Secneaux.

On met quatre chiens d'attaque. Les animaux sont lancés entre la route de Berne et les Secneaux. Après un accompagné d'un quart d'heure, cinq daines se séparent et remontent vers les Rossignols. Le daim avec les deux autres saute le pavé de Crépy, va au Puits-des-Chasseurs, redescend vers le carrefour d'Aquitaine et force trois biches à se joindre à lui. Il passe au Chevreuil, aux Hamadryades, vient buter au grillage de la Faisanderie ; puis, toujours accompagné, il tourne et retourne, ressaute aux Hamadryades, monte vers la Muette, arrive à la Mare-Rouge et enfin saute seul la route du Vol-Herbaud, après une heure et demie de rapprocher. On arrête les chiens d'attaque et on sonne les appels à la meute qui était restée au carrefour de la Barrière. Il faut une demi-heure pour l'amener. On découple enfin. Le daim nous attendait tranquillement, couché sur le ventre, dans les repoussis qui avoisinent le carrefour du Fort-Poirier. Relancé à vue, il prend son parti, traverse d'un trait la forêt presque de part en part et ne s'arrête qu'à la Place-aux-Veaux, où il arrive avec un peu d'avance et se relaisse dans une harde de biches.

Nous le manquâmes à cause de la nuit. Mais cet exemple montre l'adresse de ces animaux à savoir se dissimuler dans les hardes de cerfs et de biches quand ils se rendent compte que leurs congénères ne les protègent plus suffisamment.

Une autre fois, c'était le 19 mars 1904.

On découple de meute à mort sur trois daims dont un dix cors, à l'Etoile-de-la-Reine. Les animaux descendent aux Prés-du-Rozoir, où le dix cors se dérobe et remonte de suite aux Grands-Monts, par les Grueries (1).

Il va au bois de l'Isle, fait un tour en plaine jusque vers le petit bois du Trou-Bidet (2) rentre par le Hazoy et se harde avec des biches. Il descend accompagné vers le Hourvari où il se sépare. Il avait toujours été maintenu par 10 chiens.

Pendant ce temps, les autres animaux, entraînant derrière eux le reste de la meute, avaient pris un parti très vite vers le Longpont. Ce n'est que trois quarts d'heure après que l'on s'aperçut que le dix cors n'était plus là. Comme il manquait dix chiens et des meilleurs, le maître d'équipage fit arrêter cette chasse. On se mit à la recherche de l'autre qui fut retrouvée au carrefour des Princesses, au moment où le

---

(1) Grueries ne veut pas dire un endroit où il y avait des grues, mais la place où se réunissaient les *Gruyers*, officiers des rois de la première race, pour y rendre la justice.

(2) Le Trou-Bidet est un fief dépendant du château de La Motte, qui appartient à la famille DE SEROUX.

dix cors, déhardé d'avec ses biches, venait à la rencontre de ses camarades, afin de se remettre encore avec eux.

Toute la meute lui fut alors donnée et nous eûmes une belle fin de chasse qui se termina à côté de la fontaine de Saint-Jean, en dessous du village de Saint-Sauveur. Les honneurs à notre ami HUBERT MICHEL, l'intrépide veneur, qui avait tout le temps suivi la bonne chasse.

Le *sentiment,* cette chose mystérieuse et indéfinissable, comme l'a dit M. Donatien LÉVESQUE, donne aussi lieu à bien des erreurs.

4°

DU SENTIMENT

Les daims, comme les chevreuils, ont la propriété de retenir leur odeur quand ils sont surpris et effrayés par le bruit des fanfares, ou lorsqu'ils se trouvent tout à coup en présence d'une grande foule de monde au passage d'une route. Cette odeur reste en l'air, pour ne retomber par terre que quelques instants après.

Les chiens arrivent, chassant chaudement. Tout à coup, ils s'arrêtent et semblent se consulter.

Est-ce donc un change? Non. Car, si après avoir fait un retour, vous revenez à l'endroit en question, vous voyez tout à coup vos chiens mettre le nez à terre et partir à fond de train sur cette voie qu'ils refusaient la minute précédente. Nous en avons eu un exemple à la chasse du 20 février 1904.

Notre daim de meute, après une heure et demie de chasse, saute la route de Champlieu, qui est très large, à côté du Pont-de-l'Auge, en présence d'une très nombreuse assistance de voitures, bicyclettes et cavaliers. Il avait pris de l'avance et sortait du ru qui passe dans les enceintes du Palis-Drouet. Trois minutes après, les chiens arrivent, chassant chaudement; mais à la rentrée au bois ils s'arrêtent. Le daim avait retenu son odeur. Le maître d'équipage, croyant à un change, fait prendre les derrières de l'enceinte qui est très fourrée. Après avoir *fait le tour de sa cape,* suivant l'expression anglaise, le piqueur se retrouvait à l'endroit du défaut, lorsque les chiens empaumèrent joyeusement la voie qu'ils refusaient une demi-heure auparavant. L'odeur était retombée par terre. Il ne pouvait pas y avoir d'erreur, car les spectateurs avaient été priés de ne pas bouger et aucun autre animal n'avait passé là. Très peu de temps après nous sonnions l'hallali.

(M. Donatien Lévesque dit avoir remarqué presque toujours en débûché cette disparition du *sentiment* à la chasse du chevreuil.

—Mais, pour mon compte, aussi bien au chevreuil qu'au daim, j'en ai surtout vu des exemples aux passages des routes très larges que nous avons à Compiègne).

5°

DES CHEMINS Lorsque un daim commence à avoir de la chasse, c'est-à-dire à se fatiguer, il *fuyt les voyes*, suivant l'expression de Gaston Phœbus, c'est-à-dire qu'il fuit par les chemins, et cela souvent pendant des kilomètres, faisant le tour des carrefours pour reprendre une autre route, quelquefois parallèle à la première, mais toujours en ayant le soin de marcher sur la partie la plus ferme, là où il pense laisser le moins de traces de son passage. Il faut partir du principe qu'un gros daim, une fois déhardé pour de bon, se forlonge toujours et ne se fait relancer que quand il ne peut plus, pour ainsi dire, marcher. Cette ruse lui réussit, du reste, très souvent à Compiègne, où la plupart des routes sont en sable ou en cailloutis, où il passe une quantité considérable de cavaliers, de bicyclettes, d'automobiles et de voitures qui ne suivent pas la chasse, mais qui, pour en prendre les devants et voir passer l'animal de meute, coupent continuellement la voie aux chiens et effacent plus ou moins le volcelest. Parmi les innombrables exemples que je pourrais citer de cette manière de faire des daims, il me revient à l'esprit une chasse qui eut lieu le 5 mars 1904 : Ce jour-là, Picou donne à courre deux daims dont un dix cors, au carrefour Jupiter. La voie est très mauvaise, il souffle un fort vent d'est qui soulève des nuages de poussière. En plus, la pousse des plantes est commencée et *ça pue la violette* dans les enceintes, suivant l'expression imaginative d'un vieux piqueux. Les animaux se font d'abord chasser ensemble puis se hardent avec quatre daines. Il se forme plusieurs chasses. On arrête tous les chiens, sauf cinq, dont *Tricolore*, qui s'étaient dérobés avec le daim dix cors. Impossible de savoir ce qu'ils sont devenus. Sur un vague renseignement, nous nous mettons à leur poursuite ; nous passons au Pont-de-l'Auge, aux Hibous, aux Plaideurs, à la Bouverie et de là au Puits-du-Roi, suivant le volcelest du daim et des cinq chiens.

Là nous trouvons nos chiens en défaut sur le carrefour. Le maître fait d'abord envelopper sur la Mariolle, jusque au carrefour de la Barrière pour recouper l'animal de meute, s'il a voulu retourner vers ses demeures. Ne trouvant rien nous prenons la route de Berne, passons au carrefour du Moulin et suivons le cailloutis jusqu'au carrefour des Bordages. Toujours rien. Le daim était comme envolé. Nous prenons alors la route des Bordages. Arrivés au lieu dit « la Barraque des Anglais, » quelques chiens se récrient faiblement d'abord ; puis les autres s'y mettent : notre animal passe là. Nous le rapprochons alors, jusque au terrain de manœuvres. Son pied marque fort dans le sable ; il se méjuge et paraît fatigué. Tout à coup les chiens mettent bas ; mais, un instant après, recri général ! Enfin ! le daim est relancé le long du grillage du bois d'Hautpoul, à Royallieu. Perdant la tête, il fuit en plaine, saute la route de Paris et prend la direction de la rivière. La nuit était tout à fait venue. Nous entendions les chiens chasser de tout leur cœur, s'enfonçant dans la direction de l'eau. Ils le prennent en débûché contre le mur de la dernière maison du faubourg de Saint-Germain. Ce daim avait marché quatre heures, fuyant par les chemins, depuis qu'il avait quitté sa harde. Sa grande habileté consistait à suivre les bas-côtés, sous l'ombre des arbres, se faisant si petit que personne ne le voyait jamais passer.

6

DU BAT-L'EAU ET DE LA DOUBLE VOIE

Il est constant, à la chasse du daim, de voir l'animal de meute, après avoir longé un chemin, revenir sur sa double, puis faire un grand saut dans le fort, et se raser dès qu'il a la tête couverte. Souvent après avoir poussé devant lui du change, il l'accompagne un certain temps ; puis, au sortir d'une enceinte généralement il se dérobe tout à coup et se met sur le ventre. La harde continue. Dès que les chiens sont passés il se lève et repart sur la voie déjà foulée, cherchant une nouvelle harde pour recommencer un peu plus loin.

Cette ruse est particulière aux jeunes animaux. Il est à remarquer qu'un daim qui la fait au commencement la refera tout le temps, tant que ses forces le lui permettent.

D'autres fois il passe à travers une harde sans presque la déranger. Les chiens arrivent, poussent le change devant eux ; et, au premier chemin, on est tout étonné de ne pas voir le daim de meute dans la harde. Dans ce cas il est presque toujours déjà passé, et ce n'est pas en *arrière* mais en *avant* qu'il faut le chercher.

Un daim ne traverse jamais un ru sans le suivre pendant quelque temps, en descendant le courant d'abord, mais, s'il a un peu d'avance il remontera toujours ensuite pour se relaisser plus haut.

Si les chiens tombent en défaut en aval, faites-les remonter le long de l'eau en partant de l'endroit où ils sont restés enraqués. Si l'animal est dans le ru son odeur leur arrivera au fil de l'eau et ils finiront par le relancer.

Les daims se couchent souvent dans les mares ou ruisseaux mettant leur tête sous l'eau, sauf le bout du nez qui sort généralement près du bord. Dans cette position il faut que les chiens leur tombent dessus pour qu'ils bougent.

Il est très rare de prendre des daims dans les grands étangs ou ou rivières. Il me souvient cependant d'une chasse qui eut lieu le 7 octobre 1899.

Notre daim, une bonne quatrième tête, attaqué près de Vieux-Moulin, traverse, après une heure et demie de chasse, l'étang de Saint-Pierre et va se remettre de l'autre côté dans le marais des Prés-la-Ville. Relancé, il monte au mont Saint-Pierre, descend par Notre-Dame-Adam et se remet à l'eau. Il traverse de nouveau l'étang, monte à la Gorge-du-Han, cherche à se harder avec des biches ; mais vivement poussé il retourne à l'étang où les chiens le noyent. L'eau était profonde, le bateau était sur l'autre étang. Le temps d'aller le chercher et de le mettre à l'eau le daim avait coulé et fut introuvable. Ce n'est que le lendemain qu'il put être retiré du fond avec des gaffes. Le piqueur y tenait car on avait promis son pied à un chef tunisien (ami personnel de notre ami Gaston DE LA MOTTE), qui avait suivi avec son caftan bleu, burnous rouge et blanc, et larges brayes blanches, costume plein d'un exotisme imprévu, ajoutant une note pittoresque à cette jolie chasse.

Une autre fois nous avons pris un vieux dix cors dans l'étang de Pierrefonds, au pied du célèbre château, le 25 avril 1903. Je cite ces deux exemples comme raretés.

7°
*DE L'HALLALI
SUR PIEDS
ET PAR TERRE*

Le daim, comme le chevreuil se fait presque toujours prendre dans un relancé ; souvent aussi il se couche, à bout de forces, et les chiens le couvrent.

Il ne se défend pas, comme le cerf ; il n'a pas confiance dans la force de ses bois ; il fuit donc tant que ses jambes peuvent le porter.

J'ai vu cependant quelquefois un daim tenir tête aux chiens, entre autres le 24 mars 1904. Un grand daguet qui s'était mis sur le ventre après avoir rusé sur le cailloutis qui va du poste du Hourvari au village de La Croix-Saint-Ouen, fut relancé par trois chiens de queue, les autres se trouvant en défaut à 500 mètres de là. Voyant si peu d'ennemis à ses trousses ce daim s'arrêta bravement sur la route, et, fonçant avec ses pieds de devant sur les chiens, il les tint en respect un instant. Quand la meute arriva, il repartit pour tomber bientôt dans le ru qui sort des Prés-du-Rozoir, à peu de distance de là.

Ce cas est très particulier. En général, il n'y a pas d'hallali sur pieds. L'animal de meute est happé dans un relancé et porté bas immédiatement.

Il est de règle, à la chasse du daim de ne pas aider les chiens et de les laisser se tirer d'affaire tout seuls.

Il arrive aussi qu'un daim se fait relancer plusieurs fois avant d'être pris.

Le 27 février 1898, un daim à sa troisième tête a fait un hallali courant de trois quarts d'heure dans une coupe en exploitation située entre la route de Champlieu, la Place-aux-Veaux et le Pont-de-l'Auge. Nullement effrayé par la foule qui fourmillait autour de lui, il se fit relancer plusieurs fois, paraissant et disparaissant comme par magie. Enfin un vieux chien le saisit par une jambe de derrière sur une souche où il s'était relaissé, et ce fut sa fin.

Une chose sur laquelle je voudrais attirer l'attention du lecteur, c'est que pendant la chasse il est très difficile de distinguer le daim de meute de l'un de ses congénères tout frais, lorsqu'il saute une route. Il arrive souvent au relancé, même si votre daim a beaucoup de chasse, de le voir partir la tête haute et la queue sur le rein. Mais voyez-le venir sur vous sous le couvert, vous pourrez de suite juger s'il a de la chasse à son nerf qui pend et bat entre ses jambes. S'il est malmené, on le reconnaît à sa queue qui est tendue horizontalement et qu'il relève difficilement. Vous le verrez aussi s'arrêter contre un arbre, le flanc haletant, non pour écouter, comme d'aulcuns le croyent, mais pour comprimer les battements de son cœur et pour reprendre haleine, avant de traverser une route.

8°

DE LA CURÉE ET DES HONNEURS

La *curée* se disait autrefois *cuirée*, parce que la mouée (1) se plaçait sur le *cuir* de l'animal. Voici comment on la fait actuellement.

Il y a d'abord deux sortes de curée : la curée *chaude* qui se fait de suite après la mort de l'animal et qui est de beaucoup la meilleure pour les chiens ; et la curée *froide*, dont nous ne parlerons que pour mémoire.

Cette dernière prête à une fort belle mise en scène, surtout lorsqu'elle est pratiquée la nuit, aux flambeaux. Sous le second empire elle avait lieu dans la cour d'honneur du château de Compiègne. Actuellement l'équipage de M. Henri MENIER fait à Villers-Cotterêts de splendides curées aux flambeaux, dont tous les détails ont été réglés, suivant les meilleures traditions, par le premier piqueur HUBERT, qui fut à la Vénerie impériale.

On dit que celles qui ont lieu de temps à autre au château du Francport, chez le marquis DE L'AIGLE, sont aussi très belles. On y trouve un cadre à souhait. Mais je ne puis en parler que par les « on dit, » n'ayant jamais eu l'honneur d'y être convié.

La *curée chaude*, la seule dont j'aie à m'occuper ici, se fait sur place.

Le daim mort, on le laisse bien fouler aux chiens. Puis un homme les emmène et les promène dans le voisinage pour éviter les refroidissements. S'il se trouve quelque mare ou ruisseau tout près on les y mène.

---

(1) Autrefois on ne donnait pas au chiens la carcasse. On ouvrait le ventre, on tirait tous les dedans que l'on coupait en morceaux et que l'on mélangeait avec du pain et même du lait, quand on en pouvait trouver aux environs. Le tout était placé sur le *cuir* ou nappe.

Il existe au château de Pau une tapisserie du xvi⁰ siècle, très curieuse, représentant la *mouée* du sanglier.

Pendant ce temps, le daim est placé dans un endroit un peu clair, à proximité d'une route, pour permettre aux dames de venir le voir, sans avoir trop de chemin à faire sous bois..

L'animal est mis sur le dos, les bois couchés le long de l'encolure et appuyés par terre, ce qui s'appelle *empercher*. Les quatre membres sont maintenus écartés pendant que l'on dépouille. Le piqueur lève d'abord le pied droit de devant. Il fend la peau d'une façon circulaire un peu au-dessus du genou ; sépare cette peau en deux lanières ; dépouille la jambe jusqu'à l'articulation du boulet ; désarticule le pied et le prend dans sa main. Il pratique ensuite dans les deux lanières de peau une incision en long, sans aller jusqu'au bout, et les tresse en les passant alternativement l'une dans l'autre. Puis il accroche ce pied ainsi tressé à la garde de son couteau de chasse. C'est celui-ci qui sera donné à la personne que veut distinguer le maître d'équipage. Donner le pied gauche est une erreur de protocole, une faute de lez-vénerie.

Le piqueur lève ensuite le pied gauche et le tresse de la même façon (ce dernier est gardé pour le chenil).

Puis il déshabille le daim. Il commence par faire une incision médiane partant du haut de la poitrine pour aboutir à la queue. Il incise ensuite les quatre membres, du genou au sternum, pour ceux de devant, et du jarret à l'entre-deux des cuisses, pour ceux de derrière. Il tire ensuite le nerf et les daintiers, qu'il met à part, en prenant garde de ne pas crever la vessie. Après quoi il lève proprement la nappe, à laquelle doit rester attachée la tête sectionnée au cou.

Le daim déshabillé, on lève les filets, les filets mignons, les épaules, les cuissots, le foie et le cimier. Toute cette venaison est placée à l'écart sur des branches d'arbres ou portée dans une voiture.

Il reste la carcasse et les dedans qui sont alors recouverts de la nappe, surmontée de la tête du daim. Un homme est placé à cheval sur cette nappe et tient par les bois la tête qu'il agite.

Le piqueur vient alors annoncer au maître d'équipage que la curée est prête.

Feu le regretté vicomte Henry DE CHÉZELLES, dans son livre intitulé *Vieille Vénerie,* nous dit les grandes manières qu'avait La Trace, premier piqueur commandant à la Vénerie impériale, lorsqu'il allait prévenir le comte Edgar NEY, premier veneur, que la curée était prête. Il se présentait devant lui, et, arrivé à cinq pas, il soulevait avec élégance et distinction son tricorne de la main gauche, par les quatre premiers doigts, les ongles en dessous, se découvrait d'un geste large, horizontalement, le fouet déployé dans la main droite, et lui disait : « Le bon plaisir de Monsieur le Comte ».

Ces grandes façons n'avaient rien d'affecté, elles étaient toutes naturelles et grandioses dans leur simplicité.

Actuellement les grandes manières ont peu à peu disparu, et c'est dommage. Il y a cependant des règles que l'on doit observer dans le plus petit équipage.

Le maître d'équipage ayant donné l'ordre de commencer la curée, les chiens sont amenés et maintenus sous le fouet, à une vingtaine de mètres de la nappe.

Le maître et les personnes de l'équipage portant trompe se placent à droite de la dépouille du daim, les piqueurs de l'autre côté et leur faisant face.

On sonne alors les fanfares, qui sont : d'abord celle du *daim*, puis la *tête*, et l'*hallali* sur pieds, deux fois répété.

A la sonnerie de l'*hallali* par terre, les chiens font curée.

Pendant qu'ils *tirent*, on sonne les *honneurs*.

Le piqueur va porter le pied à la personne désignée. Il le présente sur sa cape qu'il tient de la main gauche, ayant sa trompe dans la main droite.

On sonne alors la fanfare de l'équipage, puis une fanfare de fantaisie (ici c'est *la Compiègne*).

Il ne reste plus aux veneurs qu'à s'en aller chacun chez soi, en devisant joyeusement des divers incidents de la chasse et des hauts faits de tel ou tel chien.

9°

LA DERNIÈRE
CHASSE
DE MONSEIGNEUR
LE COMTE DE BARI

Je terminerai cette modeste étude par le récit d'une chasse, curieuse à plus d'un titre, qui fut la dernière d'un illustre sportman, j'ai nommé Monseigneur le comte DE BARI, frère du roi de Naples, Ferdinand VII, qui avait bien voulu honorer de sa présence l'équipage du comte DE SONGEONS. Il avait promis de revenir; mais, hélas ! nous ne devions plus le revoir ; car quelques mois après il était emporté par la mort.

C'était le 25 avril 1903. Le rendez-vous est au Puits-du-Roi. Au rapport on a connaissance de cinq daims à tête, dont un dix cors, aux Petits-Monts.

Le maître d'équipage décide de les attaquer avec quatre chiens, afin de tâcher de déharder le dix cors. La meute avancera au carrefour Bourbon où elle attendra les ordres.

Les animaux se font battre d'abord pendant un certain temps autour de l'Etoile-de-la-Reine, puis s'en retournent aux Petits-Monts, et le dix cors se sépare au carrefour de Diane. Les chiens d'attaque sont arrêtés. On sonne aux hardes; la meute arrive; on la découple à ce carrefour.

Le daim va d'abord aux carrières d'Orrouy, en bordure de plaine; il refuse le débûché et redonne à sa harde aux Petits-Monts. Bien maintenu, il s'en sépare, descend à Vaudrampont, puis remonte au carrefour de Diane, coule vers la sente de Morienval et descend par le carrefour Girardin au marais de Malassise. Il baise les maisons de Saint-Jean, passe au marais de Saint-Jean, au Grand-Maréchal, où il se harde avec quinze biches. Il s'en va accompagné jusqu'aux Bécasses; la harde saute le chemin des Plaideurs, pendant qu'il se dérobe et monte au mont Arcy où il trouve d'autres biches. Il descend avec elles vers le chemin de fer, le refuse et va se mettre sur le ventre dans les mares qui sont auprès du carrefour des Etangs-de-Batigny. Relancé, il monte au Trou-Fondu, passe à côté du poste du Voliard, où il se remet avec des biches. Il fait alors un retour, accompagné sur la Fontaine-aux-Porchers, puis s'en va aux bois de Damar et va se raser le long de la propriété du bois d'Aucourt. Après un défaut assez long, les chiens le relancent à vue, sur le dessus de la crête. Descendant alors hallali courant, à travers les jardins de Pierrefonds, il saute la ligne du chemin de fer, à côté de la gare, et se jette dans l'étang situé au pied du château, où les chiens le noyent, après trois heures et demie d'une chasse admirable, toute de difficultés, favorisée par un temps superbe.

Curée chaude sur la pelouse de l'établissement des bains. Les honneurs à Monseigneur le comte DE BARI, puis goûter à l'hôtel.

Présence : Comte DE SONGEONS, maître d'équipage ; Charles DE SALVERTE ; comte D'ORSETTI ; comte M. PILLET-WILL ; comte

D'Hautpoul ; baron et baronne G. de la Motte ; A. G. Godillot, de l'équipage.

Monseigneur le comte de Bari ; marquis de Broc ; Robert de Salverte ; général vicomte des Roys ; baron et Mlle de Mandell ; baron et baronne J. Lepelletier de Glatigny ; de Becquincourt ; vicomte J. de Chézelles et son fils Edmond ; G. Prisse ; comtes J. et B. de Miramon ; Mme de Bernoville et ses filles ; lieutenant et Mme Codevelle ; M. et Mme Dupas-Hamoir ; Mlle Crespin ; baron Mariani ; capitaine Barbey ; M. et Mme Debruxelles.

VI

SONNERIES ET FANFARES

A la chasse du daim on sonne les mêmes fanfares qu'à celle du cerf; il faut observer toutefois que l'on ne sonne jamais la *vue* mais toujours *fanfare*, comme au sanglier et au loup.

On doit être très prudent de sonneries et attendre que l'animal de meute ait la tête couverte de l'autre côté d'une route, pour sonner *fanfare*.

De même, si le daim débûche, ne pas se presser de sonner le *débûché*; car ces animaux font souvent de faux débûchés, sortant en plaine pour rentrer sur leur double voie, après quelques pas.

La musique de toutes ces fanfares est inscrite dans toutes les méthodes de trompe; je ne la donnerai donc pas ici, mais les paroles de quelques-unes, et seulement la musique et les paroles de quelques inédites.

LE DAIM

Daim qui cours à perdre haleine,
Du bois paisible habitant,
Je te plains. Mais, de ta peine
Le sort de la chasse dépend.

Variante

Bonjour, Mademoiselle Perrette,
Comment donc vous portez-vous ?
Le voisin du trou qui p.....
Vous démange-t-il beaucoup ?

LE DAIM BLANC

En ce beau jour de fête,
Que l'on s'apprête
A chasser un daim blanc,
    Si rare bête
Autant qu'un merle blanc.
Allons, amis, prenons sa quête,
Et pressons-le vivement.
Une si glorieuse conquête
Ne se trouve pas souvent.

LA SAINT-HUBERT

I

Courant les bois, aussi les demoiselles,
Hubert était sous les lois du Démon,
Mais un beau jour, sur les passions charnelles,
Un cerf lui fit un effrayant sermon.
Devenu saint, il négligea les belles
Mais il vécut en chasseur de renom.
A son exemple, amis soyez fidèles,
Courez le cerf et non le cotillon.

II

Certain chasseur nous dit qu'une légende
Faisait d'Hubert un saint par trop bourgeois
Parce qu'un cerf, un jour, l'erreur est grande,
Lui fit quitter l'amour et son carquois,
Détrompez-vous, il aima fort les belles
Et fut toujours leur joyeux échanson...
Puis il aimait fort souvent auprès d'elles,
En vrai Gaulois, leur dire une chanson.

LA CONDÉ

La chasse, le vin, et les belles
C'était le refrain de Bourbon.
Il rencontra peu de cruelles
Et trouva toujours le vin bon.
Ses maîtresses étaient fidèles
Et ses chiens avaient du renom.
Du grand Condé, chantons la gloire.
Il fut bon prince, vaillant chasseur.
Son nom est gravé dans l'histoire
Sur l'airain du temple d'honneur.

LA PROVENCE

1 Buvons, trinquons, camarades
  A la santé du Dauphin
  Pour donner des aubades
  Que nos cors sonnent sans fin *(bis)*.

2 Sa femme donne à la France
  Des héritiers tous gentils
  Sautons, dansons en cadence
  Que nous sommes réjouis *(bis)*.

3 Odelin, Godard, La Jeunesse
  Allez détourner un daim
  Et que La Brisée s'empresse
  De se lever le matin *(bis)*.

4 Hâtons-nous, le temps se passe,
  Le maître est au rendez-vous
  Faisons une belle chasse,
  Il sera content de vous *(bis)*.

5 La Retraite et La Palette,
  Prenez tous deux vos relais,
  Ne découplez pas en tête,
  Le marquis vous serre de près *(bis)*.

6 Tayaut! au comte, à Bacchante,
  Le voici déjà lancé
  Et suivi par Triomphante
  Il va aux fonds d'Aunié *(bis)*.

7 Du pavillon de Verrières
  On le voit souvent passer.
  Ensuite à la Bourzillières,
  Puis au Chêne-Rond, retourner *(bis)*.

8 Fanfare l'Eveillé sonne
  Sur la hauteur du Massis,
  L'hallali Godard entonne,
  Par ma foi, le daim est pris *(bis)*.

LA BOURBON

1 Vive Bourbon !
Ici que chacun répète
Vive Bourbon,
Chasseur de très grand renom.

2 Dans les bois, dans la plaine
Il court à perdre haleine,
Et dans un jour trois fois
Met le cerf aux abois.

3 Ce plaisir le délasse,
Et sa petite chasse
Fait que de grand matin
S'én va forcer un daim.

4 Pour le suivre à la chasse
Faut être bien monté.
Dans la neige et la glace,
Vous tue un sanglier.

5 Vivent les équipages
Qui sont bien commandés,
De la chasse l'image,
C'est le fils de Condé.

LA DE L'AIGLE

Paroles de A. G. GODILLOT

1 Venus de la Normandie,
Les de l'Aigle, grands chasseurs,
Au bord de la Picardie
Chassent le cerf avec ferveur.

2 Les quatre-vingt-trois années
Au vieux *Marquis* pesaient peu.
Les plus longues randonnées,
Pour lui ne semblaient qu'un jeu.

3 La stature souveraine
Du *châtelain* du Francport,
Malgré sa bonté sereine,
Vous intimide d'abord.

4 La *Marquise* suit la chasse,
Non pas vaine tradition ;
Les Greffulhe ne s'en lassent
Jamais, c'est une passion.

5 Noble espoir d'une lignée,
Le *Comte* est un homme heureux,
Devant qui la destinée
S'ouvre digne des aïeux.

6 L'image de la Comtesse
Fait songer à une fleur.
Son charme d'enchanteresse
C'est la grâce et la douceur.

7 Pour finir, suivant l'usage,
Sonnez tous, chasseurs joyeux,
Fanfare de l'équipage,
La de L'Aigle, chant glorieux.

8 Que le grand St-Hubert daigne
Inonder de ses faveurs
Cette maison de Compiègne,
Illustre par ses veneurs.

LA COMTESSE DE L'AIGLE, née COLBERT

Paroles et musique, par le Comte **Amaury de Carné**

I

La comtesse Charles s'avance
Sur le grand perron du Francport,
Plus de moroses en sa présence ;
Tout se déride à son abord.

II

Au milieu de nos barbes grises,
Lorsque brillent ses jolis yeux,
Qu'importent vents, neiges et bises,
Nous les bravons à qui mieux mieux.

III

Suivons le maître d'équipage,
Rallions à son bien-aller.
A l'attaque, les chiens font rage,
L'hallali ne va pas traîner.

LA COMPIÈGNE

Paroles de THYA HILLAUD

A Compiègne il nous faut aller,
Si nous voulons voir bien chasser.
Ah! quel pays! Outre la vénerie,
Quels décors de féerie !
C'est à Compiègne, oui vraiment
Que l'on chasse agréablement.

LA SONGEONS

Paroles et musique de A. Lémans, ancien Piqueur de la Vénerie impériale.

I

A l'Escloyes, les veneurs se rallient
Au fils du chasseur de renom.
Du chevreuil, la chasse est suivie,
Conduite par le comte de Songeons.

II

Sa meute, courageuse et docile,
Charme par ses joyeux accords,
Et va bientôt sous la charmille
Mettre à l'hallali un dix cors.

LA SONGEONS

Musique du Comte Louis DE L'AIGLE, paroles de THYA HILLAUD

Refrain

Songeons à tout,
Songeons à tout,
C'est la devise d'Alcindor,
Il songe à tout ;
Et ses toutous
Nous font faire des rêves d'or.

I

Il a fait son plan, tel un général !
Env'loppe d'abord et recoupe ensuite.
Le pauvre *chevreuil* se défend très mal ;
Chaqu'ruse éventée le fait fuir plus vite.

II

Mais il songe à tout,
Le bon compagnon ;
Ce ne s'ra plus long,
La bête est bout.

LA MONTARGIS

Fanfare dédiée à Mme la Comtesse de SONGEONS, par A. G. GODILLOT

Musique de MEYERBEER, arrangée par A. G. GODILLOT

1 La forêt était délaissée,
   Les veneurs avaient disparu
   Dans ces allées si bien percées
   Personne ne chevauchait plus.

2 Mais Songeons, veneur plein
                    [d'adresse,
   Vint ici chasser le chevreuil.
   Aussitôt renaît l'allégresse
   Montargis cesse d'être en deuil.

3 Ce jeune homme fait œuvre pie,
   Dit saint Hubert, touché au cœur,
   Je le protégerai ; sa vie
   Sera comblée de mes faveurs.

4 Près de Rugles, en Normandie,
   Se cache comme une humble fleur,
   Une jeune fille accomplie
   Je la destine à un veneur.

5 Bientôt dans la *Maison du rire*,
   Un jeune ménage amoureux
   S'installera, joyeux de vivre
   Loin du monde et des envieux.

6 La forêt n'est plus délaissée,
   Ils sont revenus, les chasseurs.
   Dans ces routes si bien percées
   Retentit l'hallali vainqueur.

FANFARES DE TÊTES

LE DAGUET (Fanfare de la Reine)

Sa dague est à peine formée
Le col tendu, l'œil aux aguets,
Dans les bois, sous la ramée,
D'un pied léger fuit le daguet.

LA DEUXIÈME TÊTE ou LA DISCRÈTE

Jeune daim deuxième tête,
Porte dague sans andouiller.
Mais à la chasse qui s'apprête
Tâche de ne pas t'en faire dépouiller.

LA TROISIÈME TÊTE ou LA DAUPHINE

Chasseurs, pour cette fois,
C'est un trois tête
Dont nous avons fait choix.
Bastien a levé ses fumées,
Avant qu'elle n'ait quitté le bois
Nous mettrons la bête aux abois.

LA MEUNIÈRE

Variante

La meunière de notre village
M'a pris pour son garde-moulin.
Elle m'offre pour tout gagnage
De tendre la barre au moulin.
Mais je crains un second veuvage,
Elle veut aller trop grand train.
Il faut trop, pour son moulinage,
Tendre la barre du moulin.

LA QUATRIÈME TÊTE, par le roy Louis XV

Beau quatre tête, garde-toi !
De la meute n'entends-tu pas la voix
Hors de l'enceinte
Malgré ta feinte,
Il faut partir,
Déguerpir,
Ou sinon, sans honneur,
Ta sotte peur
Hâtera ton malheur.

LE DIX CORS JEUNEMENT

Chassons un dix cors jeunement,
Mes chiens, quêtez bien bellement,
Ne laissez pas échapper ; ma foi,
Ce beau morceau, digne d'un roy.

LE DIX CORS ou LA ROYALE

La trompe au loin résonne
C'est un dix cors, sur ma foi,
Que chasse notre roy.
Voici le prince en personne,
Monté sur son beau palefroi.
De Diane et de Bellone
Amant heureux ; aux bois,
Comme aux tournois,
La beauté le couronne,
Reine ou bergère subissent ses lois.

LA TÊTE BIZARDE

Oh ! combien laide à voir,
Tête bizarde en un faible corps.
Ce matin, il fait bon revoir,
Hardis chasseurs   ·
Cherchons un dix cors.
Ne laissons pas tromper notre ardeur,
Notre veneur
Est un fin connaisseur.

FANFARES DE CIRCONSTANCES

LE VOL CE L'EST

Sonnez, Piqueurs et Valets
Le Volcelest,
Car j'ai vu son pied tout frais
Dans la forêt.....
Allons, piqueurs et valets :
Le Volcelest.

LES ANIMAUX EN COMPAGNIE

Elle fuit vers les guérets,
Chasseurs, sortons de la forêt ;
Nos chiens vont la surprendre,
Car Miraud ne saurait s'y méprendre.
Quand bêtes vont deux à deux,
La chasse, amis, n'en va que mieux.

LE DÉBUCHÉ

Nous avons débûché la bête,
Elle fuit devant nous.
La voyez-vous ?
Rien ne l'arrête.
Et notre cor
Augmente encor
Son essor.
Avec regrets
Loin de la forêt,
La peur, hélas !
Précipite ses pas.

LE REMBUCHÉ

Attaqué par la meute hurlante,
Un daim bondit d'épouvante ;
Il s'élance et gagne la plaine.
Allons, chasseurs, piquons à perdre haleine,
L'animal rabat ses voyes, sonnons piqueurs.
Il rembûche, marchons en vainqueurs.

LA PLAINE

La bête fuit rapidement,
Laissant les bois pour les champs.
Mais, en plaine maintenant,
Nous l'allons mettre sur les dents.

LE CHANGEMENT DE FORÊT

Jouez des jambes,
Piqueurs et valets,
Notre daguet
Change de forêt,
Soyez aux aguets.
Ah ! que de regrets
S'il nous échappait,
Ce muguet.
Ce soir, chez Babet,
Son tendre filet,
Trempé de clairet,
Fera bon effet.
Mais, du cabaret,
Chasseur indiscret,
Jamais aux forêts
Ne dit les secrets.

LE BAT-L'EAU

Elle est à l'eau,
La pauvre bête.
Elle est à l'eau ! C'est là son tombeau,
Elle bat l'eau ! Mais sur sa quête
Et sans bateau, la suit Ramoneau.
Tayaut ! tayaut ! sa belle tête,
Sous le couteau tombera bientôt.
Elle est à l'eau. C'est là son tombeau.

LA SORTIE DE L'EAU

Mais elle fait la demoiselle.
Voyez-vous, comme elle chancelle.
Veneur, prépare ton couteau,
La chasse finira bientôt.

L'HALLALI SUR PIEDS

1 Avez-vous connu Madeleine,
  La jolie fille aux blonds cheveux,
    Aux yeux bleus,
  Toujours son auberge était pleine,
  Tous les chasseurs en étaient amoureux *(bis)*.

2 Point n'était besoin dans la plaine
  D'appeler les chasseurs joyeux,
    Matineux.
  On se trouvait chez Madeleine,
  Tous les chasseurs, etc. *(bis)*.

3 Or, Madeleine devint mère,
　　Mère d'un petit malheureux,
　　　　Vigoureux,
　　Comment reconnaître son père,
　　Tous les chasseurs, etc. *(bis)*.

4 Il avait le front de Gustave,
　　Le teint d'Edmond et les cheveux
　　　　De tous deux,
　　Le nez d'Arthur, les yeux d'Octave,
　　Tous les chasseurs, etc. *(bis)*.

5 Madeleine, jeunesse se passe.
　　Choisissez un rustaud ; tant mieux
　　　　S'il est vieux.
　　Son mari fut fait garde-chasse,
　　Tous les chasseurs, etc. *(bis)*.

L'HALLALI PAR TERRE

　　Les cors à l'envi retentissent ;
　　　　Et le limier
　　Redonne du gosier.
　　Déjà les chasseurs applaudissent
　　　　Ce qu'au dîner
　　Chacun va raconter !!

LES HONNEURS DU PIED

Que le pied soit offert aux vainqueurs !
Sonnez, veneurs,
Sonnez les honneurs.
Du triomphe goûtons les douceurs,
Vaillants chasseurs,
Joyeux buveurs,
De la cantine,
La plus voisine.
Tirez le vin et versez tout plein :
Bordeaux, Champagne,
Bourgogne, Espagne,
Au son du cor,
Coulez à pleins bords.

LA RETRAITE PRISE

Pour la retraite
Que tout s'apprête.
Il faut partir,
Nouvelle fête,
Autre conquête
A nous vont s'offrir.
Sonnez, fanfares,
Pour la.....

LA RENTRÉE AU CHENIL

Au chenil, nos bons toutous,
Revenez, revenez tous.
La chasse était belle,
Votre voix fidèle
A mis dans les bois
Le cerf presqu'aux abois.
Rentrez-donc, rentrez chez vous,
A demain, mes bons toutous.

VII

Cahier des Charges et Adjudications des Chasses a courre et a tir de la forêt de Compiègne, pendant la Période allant du 1er Mai 1904 au 30 Avril 1911.

L'adjudication eut lieu à l'Hôtel de Ville, le 23 décembre 1903.

Etendue de la forêt : 13.826 hectares.

Droit de suite dans les forêts de Laigue et Ourscamp-Carlepont.

Jouissance des huttes du Puits-du-Roi et de la Michelette.

Engrillagements à grande mailles : 382 hectares.

Charges : réparations des routes de chasse, des grillages, des barques, des huttes, ouverture des portes les jours de chasse.

Fermage annuel : 12.000 francs, soit pour 7 ans	84.000 fr.
Charges	24.500
Exhaussement des grillages	35.000
Indemnité pour grands animaux en plaine, environ 35.000 francs par an, soit	245.000
Total	388.500 fr.

Soit par an : 55.500 francs environ.

La chasse à courre comprend le *cerf* et le *daim*.

Le *loup* (complètement disparu) et le *sanglier* appartiennent à la chasse à courre et à la chasse à tir.

Le nombre de *cerfs* à prendre annuellement est limité à 50 ; celui des *daims* à 8.

M. le marquis DE L'AIGLE est déclaré adjudicataire de la chasse à courre.

Il est associé avec Monseigneur le prince Joachim MURAT, et avec Mme la vicomtesse G. DE CHÉZELLES, au prorata suivant :

Marquis DE L'AIGLE . . . .   10 cerfs
Prince MURAT. . . . .   16 —
Vicomtesse G. DE CHÉZELLES. . .   24 —

Total. . . . .   50 cerfs

Au comte DE SONGEONS . . . .   8 daims.

La saison de chasse commence au 1er septembre pour finir le 30 avril.

Les jours de chasse désignés sont les *lundi* et *jeudi* de chaque semaine, jusqu'au 31 janvier. A partir de ce jour, date de la fermeture de la chasse à tir, il est accordé aux veneurs un troisième jour, chaque semaine. Ce jour est le samedi.

Les trois équipages se partagent les jours de chasse de la façon suivante :

1° Le marquis DE L'AIGLE, qui a déjà les forêts de Laigue et Ourscamp-Carlepont, chasse à Compiègne les 1er et 3e lundis de chaque mois, à partir du 1er octobre.

2° La vicomtesse DE CHÉZELLES chasse tous les autres jours, depuis l'ouverture jusqu'au 15 janvier.

3° Le prince MURAT chasse 16 fois, du 15 janvier au 31 mars.

Le mois d'avril étant réservé à Mme DE CHÉZELLES et au marquis DE L'AIGLE s'ils n'ont pas atteint leur nombre de prises.

COMPIÈGNE

IMPRIMERIE DECELLE

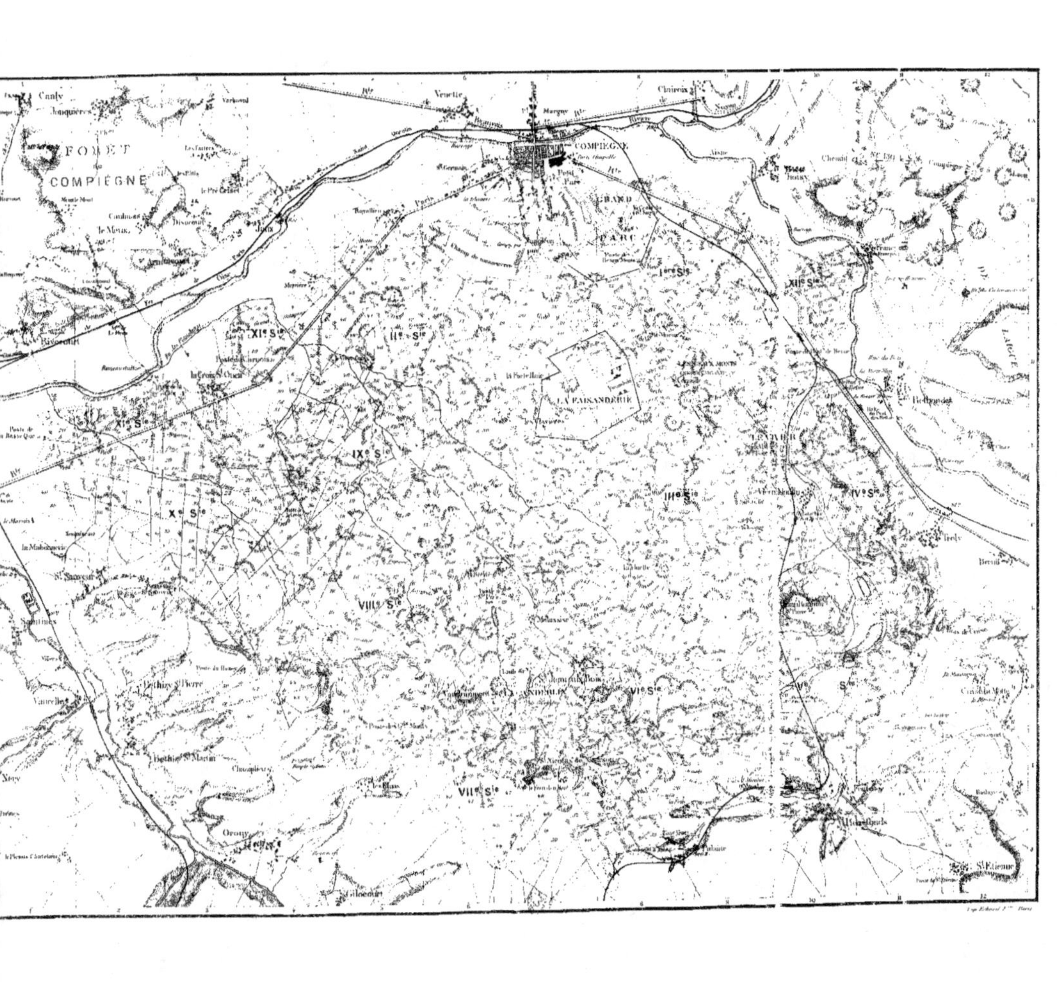

Canly
Jonquières
Verberie
FORÊT de COMPIÈGNE
Compiègne
Morgne
Clairoix
GRAND PARC
Petit Parc
Porte Chapelle
LA FAISANDERIE
le Meux
Rivecourt
S.t Sauveur
Béthisy S.t Pierre
Béthisy S.t Martin
Orrouy
S.t Etienne

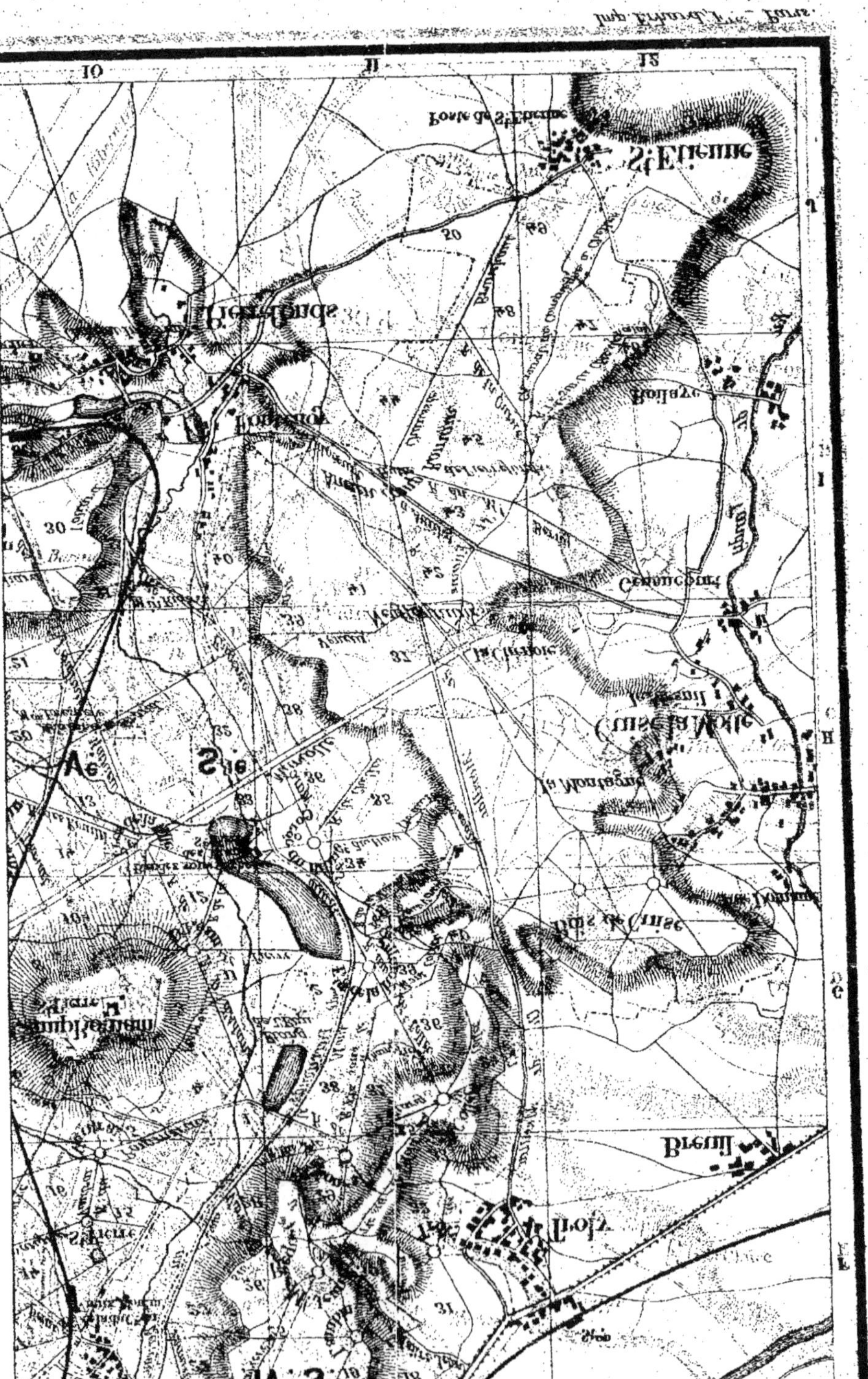